Daisy Gräfin von Arnim

Zu hause bei der Apfelgräfin

Daisy Gräfin von Arnim

Zu Hause bei der Apfelgräfin

Francke

Über die Autorin:
Daisy Gräfin von Arnim ist gelernte Buchhändlerin. Nach der Wende zog sie mit ihrem Mann Michael ins Boitzenburger Land, wo die Familie von Arnim jahrhundertelang beheimatet war. Dort betreibt die Unternehmerin das Apfel-Delikatessengeschäft »Haus Lichtenhain«.

MIX
Papier aus verantwortungsvollen Quellen
FSC® C083411
FSC www.fsc.org

Bibliografische Information Der Deutschen Bibliothek
Die Deutsche Bibliothek verzeichnet diese Publikation in der Deutschen Nationalbibliografie; detaillierte bibliografische Daten sind im Internet über http://dnb.dnb.de abrufbar.

ISBN 978-3-96362-254-0

35037 Marburg an der Lahn
Umschlagbilder: © shutterstock/almaje
Fotograf Moser Fotografie & Postproduktion (www.henningmoser.de)
Illustration Apfel: ning/freepik
Innenfotos: Bilder Privat S. 2, 3, 5, 6, 7, 8, 9, 15
Bilder Moser Fotografie & Postproduktion (www.henningmoser.de)
S. 1, 4, 5, 8, 9, 10, 11, 12, 13, 14
Bild Maria Preußen S. 7
Bilder iStockphoto.com / nicky 39 S. 15, 16; HPS-Digitalstudio S. 16
Karte Seite 6/7: ©tmu GmbH
Umschlaggestaltung: Francke-Buch GmbH/Marion Schramm
Satz: Francke-Buch GmbH
Druck und Bindung: CPI books GmbH, Leck

www.francke-buch.de

Inhalt

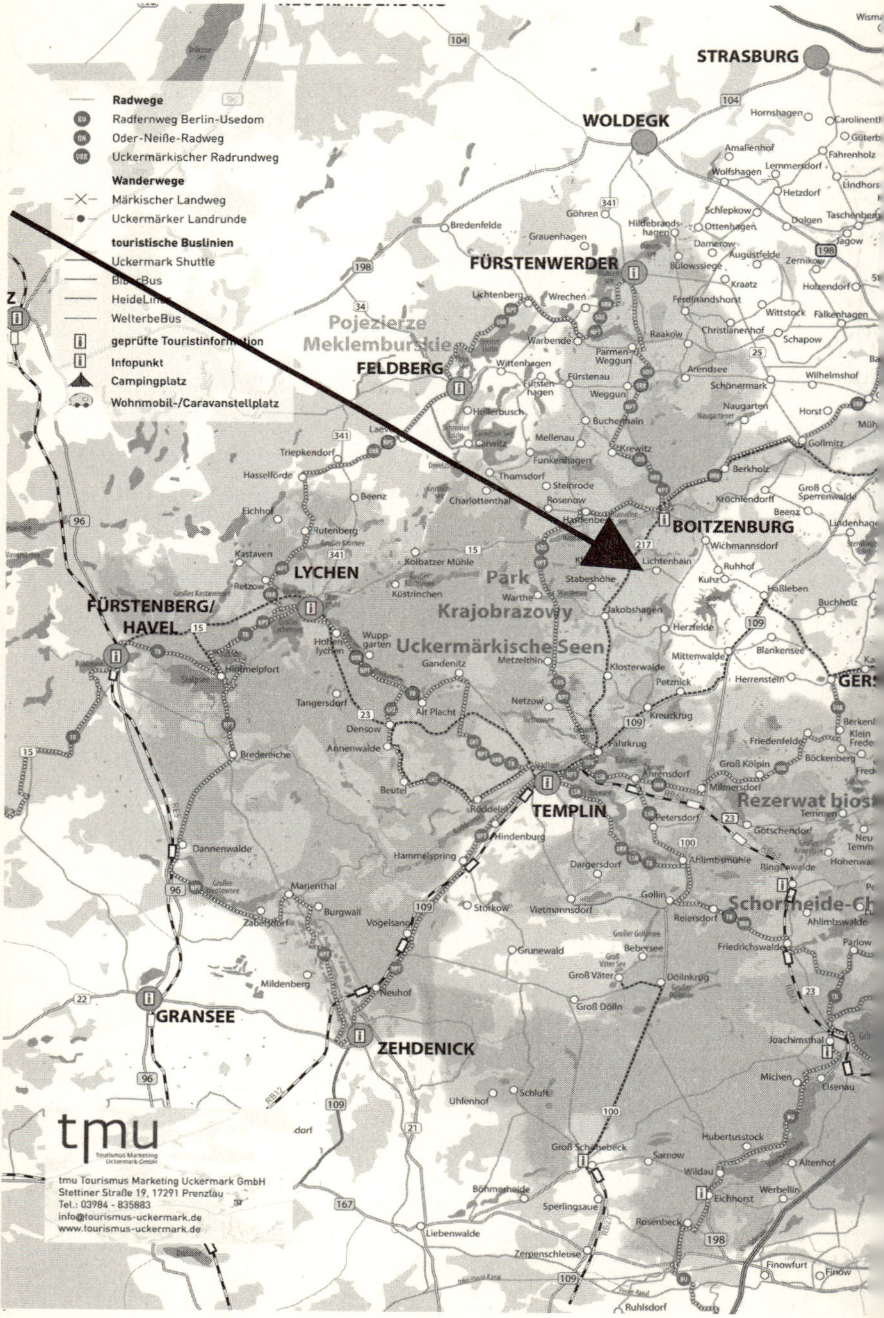
Radwege
Radfernweg Berlin-Usedom
Oder-Neiße-Radweg
Uckermärkischer Radrundweg
Wanderwege
Märkischer Landweg
Uckermärker Landrunde
touristische Buslinien
Uckermark Shuttle
HeideLiner
WelterbeBus
geprüfte Touristinformation
Infopunkt
Campingplatz
Wohnmobil-/Caravanstellplatz
STRASBURG
WOLDEGK
FÜRSTENWERDER
FELDBERG
Pojezierze Meklemburskie
BOITZENBURG
LYCHEN
FÜRSTENBERG/ HAVEL
Park Krajobrazowy Uckermärkische Seen
TEMPLIN
Rezerwat biosf
Schorfheide-Ch
GRANSEE
ZEHDENICK
Joachimsthal
Finowfurt
Finow
Liebenwalde
Zerpenschleuse
Hammelspring
Lichtenhain
Wichmannsdorf
Bredenfelde
Carwitz
tmu
Tourismus Marketing Uckermark GmbH
tmu Tourismus Marketing Uckermark GmbH
Stettiner Straße 19, 17291 Prenzlau
Tel.: 03984 - 835883
info@tourismus-uckermark.de
www.tourismus-uckermark.de

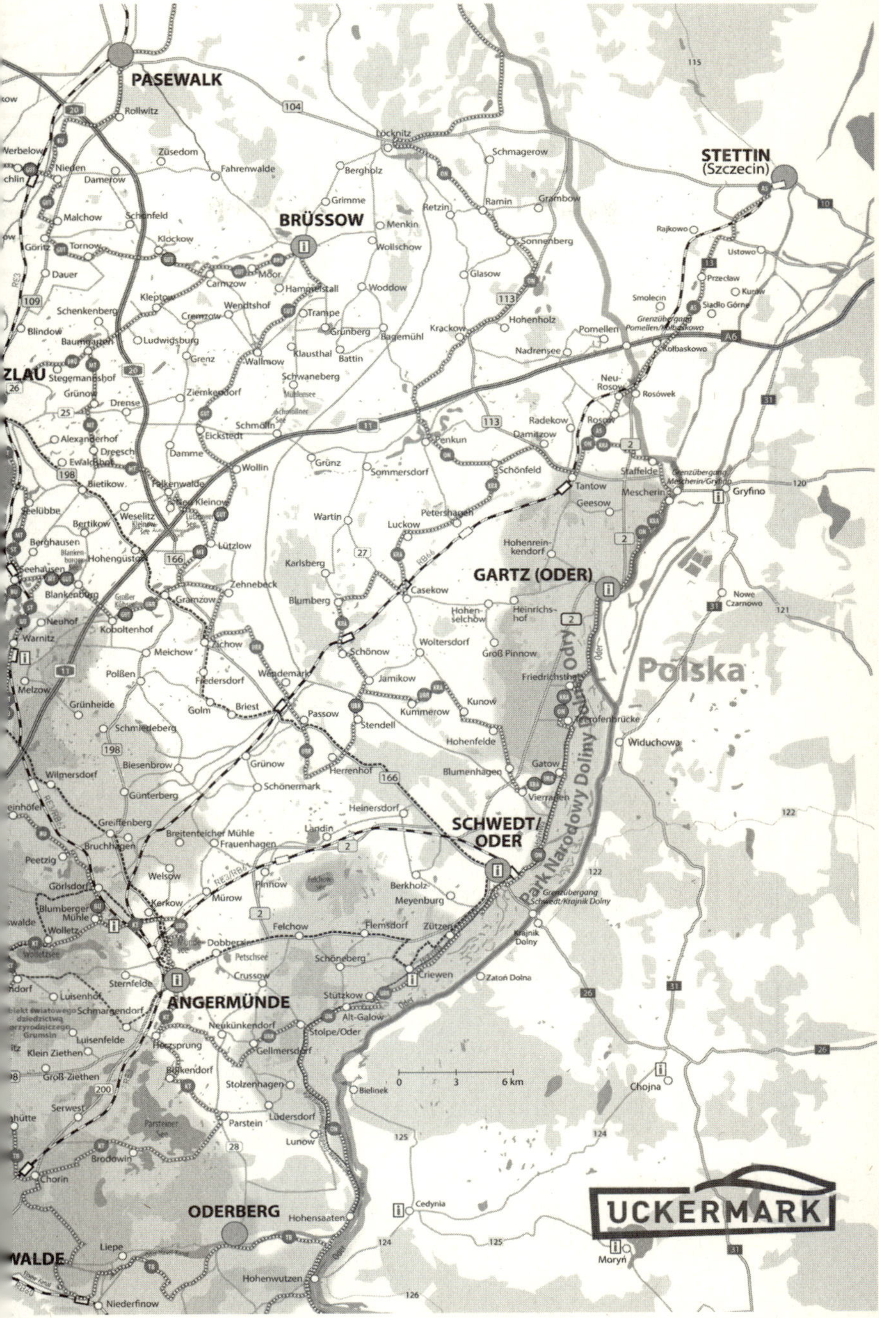

PASEWALK
BRÜSSOW
STETTIN
(Szczecin)
GARTZ (ODER)
SCHWEDT/
ODER
ANGERMÜNDE
ODERBERG
Polska
Park Narodowy Doliny Dolnej Odry
UCKERMARK
Rollwitz
Züsedom
Fahrenwalde
Bergholz
Löcknitz
Schmagerow
Grimme
Menkin
Retzin
Ramin
Grambow
Wollschow
Sonnenberg
Glasow
Woddow
Hammelstall
Trampe
Carmzow
Klockow
Tornow
Malchow
Schönfeld
Nieden
Damerow
Werbelow
Göritz
Dauer
Kleptow
Wendtshof
Cremzow
Schenkenberg
Blindow
Baumgarten
Ludwigsburg
Grünberg
Bagemühl
Klausthal
Battin
Wallmow
Grenz
Schwaneberg
Krackow
Hohenholz
Pomellen
Nadrensee
Stegemannshof
Grünow
Drense
Ziemkendorf
Schmölln
Eickstedt
Penkun
Radekow
Damitzow
Alexanderhof
Dreesch
Ewaldshof
Damme
Wollin
Grünz
Sommersdorf
Schönfeld
Bietikow
Falkenwalde
Klein Kleinow
Seelübbe
Bertikow
Weselitz
Lützlow
Berghausen
Hohengüstow
Seehausen
Blankenburg
Neuhof
Warnitz
Koboltenhof
Zehnebeck
Gramzow
Wartin
Luckow
Petershagen
Karlsberg
Blumberg
Casekow
Hohenreinkendorf
Tantow
Geesow
Mescherin
Staffelde
Rosow
Neu-Rosow
Rosówek
Kołbaskowo
Rajkowo
Ustowo
Przecław
Kurów
Smolęcin
Stadło Górne
Grenzübergang Pomellen/Kołbaskowo
Grenzübergang Mescherin/Gryfino
Gryfino
Heinrichshof
Hohenselchow
Groß Pinnow
Woltersdorf
Schönow
Zichow
Meichow
Polßen
Melzow
Grünheide
Wendemark
Friedersdorf
Jamikow
Golm
Briest
Passow
Kummerow
Kunow
Stendell
Friedrichsthal
Teerofenbrücke
Widuchowa
Nowe Czarnowo
Schmiedeberg
Biesenbrow
Grünow
Herrenhof
Hohenfelde
Blumenhagen
Gatow
Vierraden
Wilmersdorf
Schönermark
Günterberg
Heinersdorf
Greiffenberg
Breitenteicher Mühle
Landin
Frauenhagen
Bruchhagen
Peetzig
Welsow
Pinnow
Görlsdorf
Kerkow
Mürow
Berkholz
Meyenburg
Grenzübergang Schwedt/Krajnik Dolny
Krajnik Dolny
Blumberger Mühle
Wolletz
Felchow
Flemsdorf
Zützen
Dobberzin
Petschsee
Schöneberg
Criewen
Zatoń Dolna
Sternfelde
Crussow
Luisenhof
Schmargendorf
Stützkow
Alt-Galow
Neukünkendorf
Stolpe/Oder
Luisenfelde
Herzsprung
Gellmersdorf
Klein Ziethen
Groß-Ziethen
Bölkendorf
Stolzenhagen
Bielinek
Chojna
Serwest
Parstein
Lüdersdorf
Lunow
Brodowin
Chorin
Hohensaaten
Cedynia
Liepe
Hohenwutzen
Niederfinow
Moryń
Oder
0
3
6 km
104
20
109
26
25
198
11
166
113
27
2
A6
A11
10
13
31
115
120
121
122
124
125
126
200
28

Widmung

Für
Gabi Schmöcker
Prenzlau / Uckermark

Meiner geduldigen, korrekten, liebevollen, freundlichen, ermutigenden, gewissenhaften Lektorin Steffi Baltes mit unendlichem Dank.

Mein ganz besonderer Dank gilt auch Kathrin Arlt.

Meiner geduldigen, immer mich liebenden, ermutigenden, wortgewandten Freundin Elisabeth Eberle mit riesigem Dank für alles Mitdenken an diesem Buch.

Vorwort

An meine Leserinnen und Leser

Da bin ich wieder!

Platsch! 42 Eier, 34 Päckchen Butter, 4 Kilo Zucker, 12 Kilo Mehl knallen auf die Arbeitsplatte. Vermischt in einem riesigen Teigklops. Ich starre das Ungetüm an. Alles ist still. Nur das Klingeln des Paketdienstes unterbricht die Szene. Und ich fange unwillkürlich an, mit Ihnen, liebe Leserinnen und Leser, zu sprechen und Ihnen von mir zu erzählen. Papier und Stift müssen her.

Die fertigen Plätzchen vor meinen inneren Augen, in der Hand eine schnelle Tasse Kaffee, auf dem Weg zum Computer noch einen Blick in die Tageszeitung werfen – und dann schleiche ich zurück in die Backstube und um meinen Teig herum. Obwohl ich Dringlicheres zu erledigen hätte, stelle ich ernüchtert fest: Es muss sein, und zwar jetzt! Kann mir diesen banalen Klops nicht jemand abnehmen? Aber »jemand« ist nicht da. Ich mache mich unfroh ans Werk und bitte Gott, den Teigberg schmelzen zu lassen. Ich schneide einen Teil davon ab, doch der Klops sieht immer noch nicht kleiner aus. Aber je mehr ich von den akkurat ausgestochenen Plätzchen vor mir habe, scheint Leichtigkeit in die mechanische Arbeit zu kommen. Fein säuberlich reihe ich jeweils 48 Stück auf den großen Blechen auf, die sich nach und nach in der Backstube stapeln.

So arbeite ich eine Weile vor mich hin. Innerlich widerspreche ich meiner Mutter, die immer gesagt hat, dass jeder Beruf seine Längen habe, und denke über Gott nach. Alles, was wir tun, soll mit Hingabe für ihn geschehen, heißt es in der Bibel (Kolosser 3,23). Also auch das Bewältigen dieser riesigen Teigmasse. Gott bleibt nicht verborgen, was ich tue, genauso wie er mein Herz sieht, in dem langsam die Geduld den Unmut verdrängt. Ein Lied steigt in meinem Inneren auf, na endlich! Bei der Arbeit zu singen – das ist etwas, was ich von den Amischen (einer täuferisch-protestantischen Glaubensgemeinschaft) gelernt habe. Eine meiner Freundinnen pfeift immer vor sich hin, während sie arbeitet. Eine Zeit lang hat es mich gestört, bis ich begriffen habe, dass sie ein Lied für Gott pfeift! Ich denke, dadurch kommt ganz sicher etwas in Bewegung und wird freigesetzt. Also singe auch ich und fange an zu reden, denn mich hört ja niemand, ich bin ganz allein. Wirklich? Nein, Gott ist ja da. Ich danke ihm für seine Gegenwart und dafür, dass er mir Kraft gibt. Dann sage ich ihm, wie sehr ich ihn liebe, denn das liebt er! Ich spreche den Namen Jesus aus. Das stärkt mich.

Ja, wir – also Sie und ich – haben schon lange nichts mehr voneinander gehört. Sie haben mir so schöne, liebe Briefe geschrieben, in denen Sie wissen wollten, ob ich denn mal wieder ein neues Buch schreiben würde. Auf meine Frage, ob Sie denn schon alle anderen gelesen hätten, kam in letzter Zeit oft ein »Ja« und der Ball lag wieder in meinem Spielfeld. Wir kennen uns durch Vorträge, Besuche, Busgruppen und Bestellungen. Ich will Sie gerne wieder teilhaben lassen an unserem Leben. Denn viele von Ihnen wollten wissen, wie es seit Erscheinen meines ersten Buches »Die Apfelgräfin« im Jahr 2010 weitergegangen ist. Und auch, wie es meinem Mann geht, von dem ich so oft in den Büchern und Vorträgen berichtet habe.

Ich werde Ihnen von so mancher lustigen Begebenheit erzählen, aber auch von herausfordernden Ereignissen. An Erfolgen und glücklichen Momenten lasse ich Sie genauso teilhaben wie an Misserfolgen und eher traurigen Momenten und auch an meinen Hoffnungen und Träumen für die Zukunft – eben an all dem, was uns in Haus Lichtenhain bewegt. Ich möchte Ihnen einen ehrlichen Einblick geben in meinen Alltag, meine Beziehungen und nicht zuletzt meine Freundschaft mit Gott.

Vielleicht stellen Sie sich einfach vor, wir säßen währenddessen zusammen in meinem Apfel-Café bei einer Tasse Cappuccino und einem frischen Apfelkuchen …

Kapitel 1

Wie ein Apfel mein Leben veränderte

Ein Blick zurück: Bescheidene Anfänge …

Am 1. Juni 2000 habe ich einen Gewerbeschein beantragt – eines der wichtigsten Dokumente für einen Unternehmer, das man immer wieder braucht; dazu einen Gewerbeschein für Handlungsreisende, der dem Jagdschein meines Mannes ähnelt. Was war ich stolz!

Auf der Gewerbeanmeldung stand u. a. »Handel mit Bastelartikeln«. Ich sehe mich noch auf der Treppe sitzen, wie ich im Juni Engel aus Sperrholz anmale – meine ersten unternehmerischen Gehversuche. »Gott, was willst du mit meinem Leben?« Vierzig Jahre alt war ich damals und fragte mich, was ich in meinem Leben bisher erreicht hatte. Keine Kinder, keine richtige Aufgabe, im Grunde auch fast arbeitslos wie alle anderen um mich herum. Graues Haus, graue Schuppen und

Ställe. Staubige, sandige, holperige Wege. Ich schloss mich damals in der Kirche ein und habe zu Gott geschrien, wie es in den Psalmen vorgemacht wird. Doch nichts passierte. Mein Mann hatte ja seinen Beruf und unsere Buchhalterin arbeitete ihm (inzwischen seit über 25 Jahren) treuer und sachlicher zu, als ich es je könnte. Also was tun?

Zwei Monate später fielen die ersten Augustäpfel von den Bäumen und etwas später plumpste eine so unfassbar reiche Apfelernte auf den Apfelweg hinter unserem Haus, dass es mir wie »Schuppen von den Augen« fiel. Das Zitat gehört vom Ursprung her zwar zu Saulus (Apg. 9,18), der zu Paulus wurde, aber auch ich war blind gewesen. Blind für all die Gelegenheiten und Chancen, die es um mich herum gab und besonders auch in mir selbst. Ich glaube im Nachhinein, dass das alles auch mit unserer persönlichen geistlichen Öde und Leere zu diesem Zeitpunkt zu tun gehabt hatte. Wir hatten keinen Bibel- oder Hauskreis, keine Menschen, die uns hätten anreizen und herausfordern können, in der Bibel zu lesen und nach Gottes Vision für unser Leben zu fragen. Wir hatten keine Menschen, an denen wir uns hätten »schärfen« können, wie es im Buch der Sprüche heißt: »Eisen wird an Eisen geschliffen; so schleift einer den Charakter des andern.« (Sprüche 27,17)

Meine in der kommenden Zeit folgenden Versuche, ein Geschäftsmodell rund um den Apfel aufzubauen, beginnend mit ersten Apfelmostversuchen, sind peinlichst dokumentiert im Buch »Die Apfelgräfin«. Ich habe noch ein Foto von dem ersten Apfelproduktregal im Flur, daneben ein kleines Gerät zum Trocknen von Äpfeln. Das war alles. Jeder Landmaschinenhändler und jeder Besucher wurde an dem großen Elektrozählerkasten für alle neun Parteien im Haus durch den staubigen Flur über den ausgetretenen Dielenboden geführt, der sicherlich noch aus dem Gründungsjahr des Gutshauses um 1880 stammte. Schließlich musste er mir zuliebe bewundernd vor meinem ersten Produkt-Regal stehen bleiben. Wohl eher aus Mitleid denn aus wahrer Begeisterung wurde dann ein Tütchen Apfelstückchen erworben. Trotz dieser wirklich bescheidenen Anfänge war ich total begeistert. Es schien, als könne mich nichts aufhalten.

Es folgten erste Versuche von Bestellzetteln für meine Produkte, die mir dann aber wohlmeinende Kundinnen korrigiert zurückschickten mit dem freundlichen Hinweis, es seien doch etwas zu viele Tippfehler darin und ob ich Hilfe bräuchte. Wie recht sie hatten! Ich ging einen weiteren Schritt in die Öffentlichkeit, beginnend mit einem winzigen Klapptischchen mit Produkten und stellte mich an eine zugige Ecke am Beginn der Friedrichstraße in Prenzlau, an der mich ein erfolgreicher Unternehmer mit den Worten »Na, jeder fängt mal klein an« so richtig motivierte.

Fast wöchentlich erhielt ich Bewerbungen, meist von Frauen, die jahrelang in Betrieben in der DDR gearbeitet und nach der Wende ihre Arbeit verloren hatten. Fragen danach, ob ich es mir leisten könne, jemanden einzustellen, schob ich damals mit dem Gedanken beiseite: »Das wird schon!«

In den ersten Jahren mussten wir unser Haus mit Öfen anheizen, so auch eine erste klitzekleine Küche, die mit Gasöfen auf Arbeitstemperatur gebracht wurde. Die Lebensmittelüberwachung hat sie dann mit viel gutem Willen für unsere Produktion genehmigt. Alles, was von einem modernen Unternehmen heute gefordert wird, lag für uns zu dieser Zeit in weiter Ferne und wir mussten viel improvisieren. In dieser Küche haben wir dann zu viert Arnim-Thaler und vieles mehr gebacken, gekocht, getrocknet, geschnitten, gerührt. Ich brauchte ja genug Arbeit, um das ganze Jahr die Mitarbeiterinnen halten zu können.

Neue Schritte wagen

Dann kam für mich der nächste Schritt. Die »Internationale Grüne Woche« in Berlin. Dort habe ich Freunde gefunden, die Sanddorn zu zahlreichen Produkten verarbeiteten so wie ich den Apfel. Ihr Rat, ich sollte doch mit Vortragsreisen beginnen, katapultierte mich auf unbekanntes Terrain, heraus aus meiner Komfortzone. Oh Hilfe! Gerade hatte ich doch den ersten Schritt auf den Markt und den zweiten auf das unbekannte Messegelände in Berlin gewagt, damit verbunden den dritten – erste Pressekontakte –, und nun das! Wie sollte das bloß alles gehen?! Ich bat meine neuen Freunde, ob ich einmal mitfahren könnte, um einen ihrer Vorträge zu erleben. Das hat mich sehr inspiriert und ich habe dann selbst angefangen, Vorträge zu halten.

Zu all dem kam dann noch die Gründung der Apfelmosterei. Die ersten einfachen »Hobbymaschinen« reichten bald nicht mehr aus. Eigentlich mussten wir bessere Technik anschaffen, aber die Berliner Banken, bei denen ich um einen Kredit bat, waren offenbar nicht so ganz von meinen Fähigkeiten überzeugt. Irgendwie klappte es dann aber doch mit meiner mobilen Mosterei, die so viel im wahrsten Sinne des Wortes ins Rollen brachte. Als der erste riesige Lkw mit Anhänger und insgesamt 56 Paletten Flaschen vor Haus Lichtenhain stand und der Fahrer mit den Lieferpapieren in der Hand fragte, wo alles abgeladen werden könne, drehte sich mir vor Aufregung der Magen um. *Würden die Flaschen voll werden? Rechnet sich das alles? Ist das nicht viel zu groß?*

Weite Räume

Eines Tages bestand mein Mann Michael darauf, mir ein eigenes Zimmer einzurichten – ein absoluter Luxus selbst in unserem großen Haus. Anfangs war ich nicht überzeugt: Hätte dieser Raum nicht sinnvoller als weiterer Produktionsraum genutzt werden können – mit meiner Schokoladenmaschine Jahrgang 1970 oder der Apfeltrockenmaschine? (Die schließlich neben der Holzheizung installiert wurde.) Aber nein. »Du brauchst einen eigenen Raum für dich, das ist ganz wichtig«, beharrte Michael. Er selbst hatte sich diesen Luxus von Anfang an wie selbstverständlich erobert, während ich zunächst mit meinem kleinen Schreibtischeckchen erst vom Schlafzimmer in die Küche, dann ins Wohnzimmer und wieder zurückzog.

Als dann dieser eigene Raum für mich da war, fühlte er sich erst einmal erschreckend leer an. Doch mittlerweile ist er so gefüllt, dass wieder Leere nötig wäre. Sie wissen sicher, was ich meine ...

In meinem erweiterbaren Regal mit 20 Fächern sind nun die letzten 20 Jahre meines Lebens jahrgangsweise geordnet. Predigtmitschriften, Tagebücher, Kalender, Urlaubserinnerungen, Fotos etc. Und ich frage mich insgeheim: *Werde ich meiner Mutter immer ähnlicher, die auch alles gesammelt hat?* Ihre Briefe von 1945–2005 besitze ich noch, die mir in bestimmten Zeiten meines Lebens ganz besonders kostbar waren. Nun suche ich in diesen Regalfächern nach einer bestimmten Erinnerung, um sie mit Ihnen, liebe Leser und Leserinnen, zu teilen …

Vor Jahren durfte ich einmal auf dem »Kongress Christlicher Führungskräfte« vor vielen Menschen 12 Fragen beantworten, die mir eine Journalistin stellte. Ich war akribisch vorbereitet, hatte Sätze auswendig gelernt und lauter Zettel bei mir, die ich verkrampft in der Hand hielt. Auf dem Weg zu der kleinen Sitzgruppe, in der man wie bei einer Talkshow saß, meinte die Journalistin: »Die Zettel nehmen Sie aber nicht mit, das geht nicht!« Schnell ließ ich die Zettel in meiner Handtasche verschwinden und wählte innerlich die 50-15, die »Telefonnummer Gottes« aus Psalm 50,15, wo es heißt: *»Rufe mich an in der Not, so will ich dich erretten.«* Ja, das brauchte ich wirklich, dass mir jemand beisteht, denn das Who's who der christlichen Führungskräfte Deutschlands saß vor mir. Nach der Veranstaltung kamen dann die Programmleiterin und der Marketingleiter des Francke-Verlages in Marburg auf mich zu mit der Frage, ob ich ein Buch schreiben wolle. So entstand »Die Apfelgräfin«.

»Dein erstes Buch!«, sagte eine meiner Mitarbeiterinnen begeistert, als wir es auspackten. Es war für mich etwas ganz Besonderes genauso wie all die Vorträge und Lesereisen, die daraufhin folgten. Ich wollte jede Gelegenheit zum Reden nutzen, die sich mir bot. Es fing mit den Busgruppen an, denen ich dann gegen Ende der Saison zum x-ten Mal die Geschichte von Haus Lichtenhain so spannend wie möglich zu erzählen versuchte. Dann wiederum sprach ich vor drei Zuhörerinnen in München oder vor sechshundert in Stendal. Oder auf einem süddeutschen christlichen Kongress, auf dem ich leider das Thema verfehlte und voll danebenlag, und das vor all den Predigtprofis im Publikum! Egal, wie kritisch oder wohlwollend meine Hörer waren, aus welchem gesellschaftlichen oder politischen Hintergrund sie kamen oder welcher Konfession sie angehörten – ich sah alles als eine Übung an, die den Charakter formt, und versuchte mich auf meine Hörer einzustellen, ohne mich zu verbiegen.

Es folgten weitere Bücher wie »Himmlische Köstlichkeiten«, »Von Herzen, Ihre Daisy von Arnim«, »Mit der Apfelgräfin durch das Jahr«, »Wunder in meinem Leben« und ein Buch mit inspirierenden Porträts von Unternehmerinnen, »Einfach anfangen!«.

Herausforderungen und ihre Chancen

Besonders gefreut habe ich mich immer, wenn ich mit meinen Produkten und Büchern auf großen Messen unterwegs sein konnte. Ich erinnere mich noch an einen meiner Einsätze auf der Nürnberger Messe. Ich hatte Michael gebeten mitzukommen und war dankbar über seine Zusage. Er braucht alles übersichtlich geordnet und so hatte ich den Aufbau gut vorbereitet – Teppich, Lampen, Elektrik, dann die Plakate und zum Schluss die Regale zusammenschrauben. Danach erst die

Ware einfüllen. Dennoch war unser zugiger Messestand zunächst ein einziges Durcheinander, das sich nach und nach zu etwas Schönem entfaltete. Für den Aufbau haben wir dann aber auch neun Stunden gebraucht … Hinterher meinte Michael, das sei das letzte Mal gewesen, dass er mir geholfen habe. In Zukunft müssten das andere machen. Mir gegenüber war damals der Francke-Verlagsstand aufgebaut. Mein neues Buch über die christlichen Unternehmerinnen sollte vorgestellt werden und es gab einen Sektempfang und Reden. Das behalte ich in guter Erinnerung. Und auch, wenn ich weiß, dass alles seine Zeit hat, hoffe ich, bald wieder auf Messen fahren zu können, was ja zeitweise durch die Corona-Pandemie unmöglich war.

Nun gilt es aber, nicht nur bei den schönen (oder zum Teil auch schmerzhaften) Erinnerungen stehen zu bleiben, sondern auch neue Visionen zu entwickeln. In letzter Zeit ist in mir der Traum von einem Verkaufsauto herangewachsen. Die Menschen mögen doch Läden, fahren aber immer weniger raus. Also muss ich zu ihnen fahren. Ach, ich liebe diese Herausforderungen! Ich versuche, darin zugleich die Chancen zu sehen.

Alles hat seine Zeit

Mit dem Schreiben von Büchern legte ich erst einmal eine Pause ein, als die Mindestlohnentscheidung der Bundesregierung meinen Betrieb auf den Kopf stellte. Es veränderte sich so viel, dass ich erst einmal im Apfelbetrieb ganz gefordert war. Bis dahin hatten mich meine wunderbaren Mitarbeiterinnen zeitweise freigestellt zum »Tippseln«, wie sie es nannten. »Bist du wieder in der Tippselphase?«, fragten sie, wenn ein neues Buchprojekt auf meinem Schreibtisch lag, und verstanden, dass ich die Prioritäten anders setzen musste. Unsere Landwirte in der Uckermark sagen immer »Nach der Ernte ist vor der Ernte«, und so scheint es mir auch mit dem Bücherschreiben zu sein. Lange habe ich mit mir gerungen, ob ich tatsächlich ein neues Buch beginnen soll. Da waren ja einerseits der geschäftige Betrieb und die anstehende Apfelernte und andererseits Sie, meine lieben Leserinnen und Leser, und der Verlag, der gerne ein »Update« von mir bringen wollte. Als ich mal wieder etwas ratlos an meinem privaten Schreibtisch saß, kam mein Mann kurz ins Zimmer und sagte nur: »Du sollst schreiben.« Das war dann die letzte Bestätigung für mich, wieder loszulegen. Offenbar ist das einzig Beständige im Leben eines Menschen der Wandel. Und so schreibe ich gerade diese Zeilen für Sie, meine lieben Leserinnen und Leser …

Das Leben ist ein Fest

Ich wollte schon immer etwas Einfaches machen, etwas Praktisches, etwas, das ich wirklich kann. Vor mir steht eine Postkarte von Lichtenhain aus der Vogelperspektive. Entstanden ist sie im Zusammenhang mit unserem Auftritt in der WDR-Serie »Wunderschön«, in der die herrliche Landschaft der Uckermark gezeigt wurde und auch bei uns alles mit einer Drohne aus der Vogelperspektive aufgenommen wurde. Wenn ich die Postkarte ansehe, denke ich, dass sich mein Wunsch erfüllt hat, aber auch, dass unser Lebenswerk noch unvollendet ist. Im Jahr 2020 konnten wir trotz der Corona-

Pandemie 25 Jahre Haus Lichtenhain feiern, im kleinen Rahmen. Nun sind wir beide, mein Mann und ich, seit 26 Jahren unternehmerisch tätig.

»Schön haben Sie es hier« ist oft der erste Satz, den Besucher sagen. An der Apfel-Café-Seite hängen Bilder von früher, wie alles einmal ausgesehen hat. Seitdem ist viel passiert. Ich erinnere mich noch an den ersten von mir weiß gestrichenen Fensterrahmen und den Blumenkasten davor, in dem es gegen all das Grau um uns herum mit aller Wucht anblühte. Jetzt haben wir die Verantwortung für 28 Blumenkästen, die mit Schleifen jahreszeitlich geschmückt werden wollen. Bis meine dekorative Ader eine halbwegs zufriedenstellende Lösung gefunden hatte, musste mir mein Mann mal wieder helfen und Struktur in das kreative Chaos bringen. Ich war schon beinahe am Verzweifeln gewesen bei dem Gedanken daran, wie ich mit unserem kleinen Budget die Außenbereiche am Haus trotzdem ansehnlich gestalten könnte. Kurzerhand umrahmte ich also die Türrahmen der Haustür und des Hofladens mit sogenannten KG-Rohren und versah sie mit Schleifen. Das fand ich clever. Auch an die Blumenkästen band ich Schleifen – im Winter alles in Rot und Grün, im Sommer in Gelb und Weiß. Das Leben ist ein Fest!

Viel Platz für Menschen

Unser mittlerweile gelb gestrichenes Haus ist mit seinen sechshundert Quadratmetern für zwei Personen definitiv zu groß und so sind nach und nach vier Ferienwohnungen entstanden, an denen wir permanent arbeiten und die wir schöner zu machen versuchen. Vor einiger Zeit hat ein Profifotograf Fotos von den Wohnungen gemacht. In den Sommermonaten platzen wir vor lauter Buchungen fast aus allen Nähten, während es im Winter sehr still ist. Wir kennen das also schon.

In unserem Anbau oder »Gartenflügel« befindet sich unsere Produktion mit Backstube, Kochküche, Kommissionierraum, Packraum, Büro, Mitarbeiterraum, Hofladen – das ganze große Apfelgeschäft auf hundert Quadratmetern. Zunächst hatten wir noch mehr als genug Platz für alle Kisten und Kästen, aber dann entstand über uns eine weitere schöne Ferienwohnung, sodass wir etwas mit unserem Stauraum improvisieren mussten.

Besonders am Anfang mussten wir sehr auf uns aufmerksam machen und dafür sorgen, dass die Besucher uns auch finden. Inzwischen gibt es einen teuer bezahlten Straßenabschnitt, für den wir viele Apfelchips und viel Apfelsaft herstellen mussten. Da unsere Mosterei ein Gewerbe ist, hat das Land Brandenburg große Beträge für den Straßenausbau erhalten. Doch nun wirbeln unsere Besucher im Sommer keine riesige Staubwolke mehr hinter sich auf und müssen im Winter auch nicht mehr durch tiefe Matschlöcher fahren. Dass ich mal für eine Straße dankbar sein könnte, hätte ich niemals gedacht. Inzwischen ist sie für alle im Dorf zur Selbstverständlichkeit geworden.

Bis hier in Haus Lichtenhain alles so war, wie es sein sollte, haben wir in den Räumlichkeiten viele Umzüge hinter uns gebracht und immer wieder unsere eigene Wohnung für Feriengäste umgeändert. Jetzt ist endlich alles fertig und ich muss nur noch überlegen, ob ich die Gardine rechts- oder linksherum aufhänge, und kann mich anderen Dingen zuwenden. Was für ein Luxus, wenn für die Grundbedürfnisse gesorgt ist! Die riesige, 60 Meter lange Scheune, in der einmal Kühe lebten, wartet allerdings noch auf ihren neuen Verwendungszweck. Mein Mann guckt täglich nachdenklich aus seinem Büro darauf und weiß, dass Handlungsbedarf besteht. Sie ist ca. halb so lang wie die Arche Noah! Was machen wir bloß damit? Oft gehe ich hinein und bete: »Herr, wir brauchen eine Vision für dieses Gebäude – was sollen wir damit anfangen?« Wenn die Vision sich erst einmal eingestellt hat, kommt der Rest fast wie von selbst, so habe ich es schon oft erlebt. »Das wäre doch ein tolles Gebäude für Hochzeiten!«, höre ich öfter von Gästen. Ja, natürlich ist das eine gute Idee, aber dann hätte das Dorf und wir auch einiges an Lärm zu ertragen. Wir werden sehen …

Hinter der Mosterei befindet sich die neue moderne Getreidehalle. Dort kann ich jedes Jahr anhand der Getreideberge sehen, wie die Ernte war. Mit Gruppen gehe ich gerne hinein und wir singen dort manchmal ein Lied. Rechts vom Haus befindet sich das Apfel-Café und dahinter das Zelt für größere Besuchergruppen. Vor dem Haus liegt das riesige Blumenrosenbeet meines Mannes – er hatte es mit den Worten angelegt: »Du brauchst einen schönen Blick aus der Küche.« Der Vorplatz wartet auch noch auf seine Bestimmung. Rechts vom Vorplatz befinden sich vier große Garagen aus DDR-Zeiten. Die ursprüngliche Scheune, die früher zum Gutshaus gehörte, wurde zu DDR-Zeiten abgerissen. Ein Jammer. Im Grunde sollte damals auch noch der ganze Ort Lichtenhain geschleift werden – was wäre das schade gewesen! Die Uckermark wäre um ein Ausflugsziel ärmer.

Begehrte Uckermark

Die Uckermark hat sich in den letzten Jahren sehr entwickelt. Ich finde, sie gehört zu den schönsten Landschaften Deutschlands. Ich werde nicht müde, sie anzuschauen und zu beschreiben mit ihren schönen Seen und der hügeligen, von den Landwirten gepflegten Kulturlandschaft. Sie ist reich an Feldern und Seen und Wäldern, die gute Luft produzieren und zu einsamen und abwechslungsreichen Spaziergängen oder Radtouren einladen. Im Winter lebt man hier wie auf einer Insel, man erkennt sich schon am Autokennzeichen. Im Sommer hingegen ist die Uckermark zum beliebten Ziel für Ausflügler aus Berlin oder für Urlauber aus Sachsen und Schwaben geworden, denen es hier gut zu gefallen scheint. Letztere lieben besonders die menschenleere Landschaft und ich liebe ihre Sprache. Spätestens seit jenem Tag vor nun über 20 Jahren, als schwäbische Freunde mir mit wissendem Lächeln in einem durchsichtigen Glaskrug mein allererstes Glas gekühlten Apfelmost anboten mit den Worten »Moschten Sie, moschten Sie!«. In diesem Moment breitete sich in mir zugleich mit dem Apfelmost in meinem Mund eine Vision in meinem Sinn aus, die Sie alle kennen. Und was ist nicht alles daraus geworden!

An den Wochenenden wächst die Bevölkerung der Uckermark, denn viele Berliner haben sich hier ein Wochenendhaus eingerichtet. Wir sind froh, dass die Häuser in den Dörfern schön renoviert sind und neue Ideen aus Berlin mitgebracht werden. Dennoch blickt der eine oder andere nachdenklich seine Dorfstraße hinunter, zählt die von Berlinern bewohnten Häuser und wünscht sich eine bessere Durchmischung und bezahlbare Häuser für junge Uckermärker Familien. Mittlerweile werden die Bauplätze knapp – eigentlich ein schönes Problem. Die Handwerker in der Uckermark haben übervolle Auftragsbücher.

Unzählige Künstler haben mittlerweile die Uckermark für sich entdeckt und sich hier niedergelassen. Die »Hamptons von Berlin« wird die Uckermark oft genannt nach den »Hamptons« in den USA, eine Region, in der wohlhabende New Yorker ihre Wochenend-Domizile aufschlagen. Ganz so ist es hier natürlich noch nicht, aber wenn ich z. B. durch Pinnow fahre, begegnet mir kaum noch ein Einheimischer. »Wir erhalten euch die Infrastruktur«, lächele ich einige der Zugezogenen an, während ich Pakete entgegennehme, Handwerker zuweise, Zeitungen aus überfüllten Briefkästen nehme und darum bitte, dass im Winter doch ein Licht brennen möge, damit es wenigstens etwas bewohnt aussieht. Dieser Bitte wird gerne nachgekommen.

Neuanfänge

Es berührt mich besonders, wenn es wieder einer geschafft hat, sich hier eine Existenz quasi aus dem Nichts aufzubauen, sei es z. B. ein Café oder ein touristisches Geschäft. Aber ist das keine Konkurrenz für uns, denken Sie jetzt vielleicht? Nein. Es sind neue Freunde! Alles ist gut, was auch immer hier passiert. Ich freue mich über jede Initiative, die die Uckermark lebendiger und bunter macht und die die sechs Monate lange Winterpause von November bis April durchhält.

Besonders beeindruckt hat mich die Geschichte des Optikers Burkhard Elter und seiner Frau Irmel aus Lychen. Elters kommen eigentlich aus Bergneustadt in Nordrhein-Westfalen und sind im Juli 2011 in die Uckermark gekommen – sie fühlten sich einfach berufen hierherzuziehen. Wenn man frei ist und Gott fragt, wo er einen haben möchte, bekommt man manchmal ungewöhnliche Antworten. Burkhard Elter ist Augenoptikermeister und Optometrist und seine Frau Irmel gelernte Arzthelferin. Sie gehen in Lychen in eine Kirchengemeinde, die ich auch kenne. Wir begegneten uns zunächst nur durch gelegentliche Optikerbesuche in Prenzlau. Einmal gab ich eine Brille zur Reparatur, doch bevor ich sie abholen konnte, erhielt ich einen Anruf: Man könne die Brille ja auch bei uns vorbeibringen (ein Umweg von fünfzehn Kilometern!). Es entwickelte sich ein nettes Gespräch bei der Brillenübergabe und Burkhard erzählte von seiner Frau, die gerade im Krankenhaus war. »Der Mann braucht Essen«, dachte ich und holte schnell fertigen Wildbraten aus der Tiefkühltruhe. Burkhard erzählte von seinem Traum der Selbstständigkeit und all den damit verbundenen Ängsten und dem Sprung ins kalte Wasser. Michael und ich ermutigten ihn und fragten in der Folge immer mal wieder vorsichtig nach. Es verstrich einige Zeit, doch dann flatterte eine Einladung zu einer Geschäftseröffnung in Lychen in unser Haus. Ehepaar Elter hatte es geschafft! Am Einweihungsdatum selbst waren wir leider verhindert, sind aber kurz darauf für eine Brillenreparatur nach Lychen gefahren, um die beiden zu besuchen. Eine strahlendes, frischgebackenes Geschäftsinhaberpaar begrüßte uns. Die beiden nahmen sich zwei Stunden Zeit für uns, was in der Regel nur mit Termin funktioniert. Während der sorgfältigen Augenüberprüfung meines Mannes und der entsprechenden Empfehlung zur Anpassung der Gläser bekam ich Kaffee mit herrlichen Keksen serviert und Irmel führte mich durch die Räume. Ein Freund habe ihnen als Meisterstück die Ladeneinrichtung angefertigt und viel Material und die Arbeit geschenkt. Sonst hätten sie sich das nie im Leben leisten können. Der Laden ist für eine Flößerstadt wie Lychen passend eingerichtet – vieles aus Holz handgefertigt. Für mich ist allein schon der Laden eine Reise nach Lychen wert. Glücklich berichtete mir Irmel damals von der zentimetergenauen Einpassung des gesamten Ladenmobiliars. Auch dass sie diese Geschäftsräume so zentral in Lychen bekommen haben, sei ein Wunder für sich, erwähnte Irmel begeistert. Ich konnte sie gut verstehen. Denn dass Gott Wunder wirkt, wenn man nach dem fragt, was er mit uns tun möchte, das hatte ich selbst schon erlebt!

Kraft genug

Immer wieder werde ich gefragt, wie ich das alles schaffe. »Oft schaffe ich es auch nicht«, antworte ich dann mitunter. Je älter ich werde, desto mehr merke ich: Ob ich genug Kraft habe oder nicht, das hängt mit meiner Beziehung zu meinem Schöpfer zusammen: »Gedenke an den Herrn, deinen Gott; denn er ist's, der dir Kräfte gibt«, so lese ich es in der Bibel (5. Mose 8,18). Dass ich jeden Morgen Kraft für den neuen Tag habe, das ist ein Gottesgeschenk genau wie die Freude. Ich möchte mich immer wieder mit Gottes Kraft füllen lassen, denn von allein geht einfach gar nichts. So hänge ich mich den ganzen Tag über an Gott und bitte um Hilfe und Rat für möglichst jede Situation. Über die Jahre kamen von Kunden auch Fragen wie: »Haben Sie diesen Schritt in die Uckermark niemals bereut?«, »Macht es Ihnen noch Freude, so hinter dem Ladentisch zu stehen?«. Dazu kann ich nur sagen: Ich bereue nicht einen einzigen Tag dieser Entscheidung!

Es ist noch nicht vorbei!

Dennoch ist es nicht immer einfach. Ich erinnere mich an eine Situation, in der ich ziemlich verzweifelt war und mir einen Fernsehgottesdienst aus den USA ansah. Der Prediger sang und der Chor im Hintergrund antwortete mit »Halleluja«. Mir liefen die Tränen und ich stimmte bewegt in das Halleluja mit ein. Danach predigte der Pastor und berichtete von konkreten Beispielen, was Gott an guten Dingen im Leben anderer Menschen getan hatte. Das sei im Leben eines jeden Menschen möglich, sagte er. Ich horchte auf. Denn zu diesem Zeitpunkt wusste ich nicht mehr, wie ich meinen Betrieb überhaupt noch weiterführen sollte. Vier meiner Mitarbeiterinnen hatten aufgehört – zwei wegen Krankheit und zwei hatten eine andere Stelle angenommen, da überall in der Uckermark Fachkräfte gesucht wurden. Grundsätzlich ist das eine sehr gute Entwicklung, aber es trifft einen doch sehr, wenn Mitarbeiter gehen, in die man viel investiert hat. Ich war noch in diese Gedanken versunken, als der Pastor plötzlich innehielt, direkt in die Kamera blickte und sagte: »Da gibt es eine Geschäftsfrau, der ich in diesem Moment zusprechen möchte: Der Herr sagt dir: Es ist noch nicht vorbei!«

In diesem Moment gab es nur Gott, diesen Prediger und mich, die ich wie gebannt vor dem Bildschirm saß. Das musste für mich gewesen sein. Ich war gemeint! Ich nahm diesen Zuspruch damals für mich in Anspruch. Noch heute tragen mich diese Worte immer wieder durch den Alltag – wenn die Plätzchen angebrannt sind, die Arbeit nicht zu schaffen ist oder keine Aufträge da sind, wenn ich mal wieder eine Busgruppe nicht in den Kalender eingetragen habe und mein armer Mann allein mit fünfzig Menschen am Sonntagnachmittag ohne Kaffee und Kuchen klarkommen muss … Wie diese Episode wohl ausging, fragen Sie sich jetzt vielleicht? Das erzähle ich Ihnen an anderer Stelle.

Bis heute ist da jedenfalls dieser kleine Zettel an meinem Schreibtisch, am Spiegel und in meiner Geldbörse: »Der Herr sagt dir: Es ist noch nicht vorbei!« Danke, Jesus!

Kapitel 2

Gut Ding will Weile haben

Aber bitte ein bisschen plötzlich!? – Geduld will gelernt sein

Geduld musste ich erst lernen! Zwar habe ich mit Gott immer über meine Wünsche gesprochen, aber es war für mich ein längerer Lernprozess, meine Ungeduld zu zügeln und Gottes Zeitplan zu vertrauen. Eines meiner großen »Glaubensprojekte« war die Apfelchips-Trocknung. Apfelchips sind sehr gefragt, doch jahrelang gab es für uns in Haus Lichtenhain keine zufriedenstellende Lösung. Heute bieten wir Apfelchips in allen möglichen Variationen an mit Aromen wie Kaffee (köstlich!), Zimt, Rose, Thymian, Curry, Ingwer und andere mehr. Doch bis dahin war es ein weiter Weg:

Vor Jahren entdeckte ich eine Trockenmaschine, die mir gefiel. Mit dem Anhänger fuhr ich nach Vechta, wo ich die Maschine bei einer jungen Frau erwarb. Ihr Vater hatte sie einst gebaut, damit sich die Tochter selbständig machen konnte. Ihr

Geschäft wuchs und sie benötigte schließlich mehr Kapazität. Doch für mich war ihre erste Trockenmaschine genau richtig. Nach dem Kauf tuckerte ich mit rund 60 km/h die ganze Strecke wieder in die Uckermark zurück und fühlte mich dabei wie ein Jäger mit seiner kostbaren Beute. Immer wieder betrachtete ich glücklich das schwere Ding auf dem Anhänger im Rückspiegel – meine Apfeltrockenmaschine! Vor meinem geistigen Auge sah ich schon alle Produkte, die sie mir machen würde, fein säuberlich in den Verkaufsregalen stehen! Unter anderem kandierte Äpfel und mein geliebtes Quittenbrot, turboschnell getrocknet. Zu Hause angekommen war mir schon klar, dass Michael von der ganzen Aktion nicht begeistert wäre, aber ich hoffte, er würde mir helfen, eine Lösung zu finden – wie immer. Rührend kümmert er sich ja u. a. um die technischen Belange in meiner Firma. Außerdem setzte ich auf meine Handwerkerfreunde, die mir sicher mit Rat und Tat zur Seite stehen würden. Doch dann stand das Objekt bei uns in einer Garage, stand … und stand … und verbrauchte nur Platz. Ich besichtigte es mit allen Experten, die ich in die Finger bekam, aber keiner wusste so richtig Rat.

Ungefähr zehn Jahre später gelangte wie durch eine unsichtbare Hand ein wunderschöner Container auf unseren Hof, in dem die Maschine ihren Platz fand und seitdem herrliche Apfelchips in großen Mengen produziert. Für mich steht fest: Gott hat diese Lösung geschenkt – zu seiner Zeit. Ich hatte einfach »mit dem Kopf durch die Wand« gewollt, nicht richtig hingehört auf Gott, mich nicht damit abfinden wollen, dass so manche Gebetserhörung länger dauert. An diesem Beispiel ist mir erneut klar geworden: Geduld muss ich mir von Gott schenken lassen. Sie ist eine Gabe seines Geistes.

Visionen entwickeln und beten

Eine meiner Stärken ist es, dass Dinge schnell vor meinem geistigen Auge Gestalt annehmen, dass es mir leichtfällt, Visionen zu entwickeln und den Glauben zu haben, dass sich das, was ich sehe, realisieren wird – z. B. unser Apfelblütenfest oder auch eine Versöhnung mit Menschen, die im Augenblick unmöglich erscheint. Wenn ich Gott um etwas bitte, sehe ich im Vertrauen auf ihn manchmal schon das Ergebnis vor mir. Es ermutigt mich, wenn es dann auch Realität wird, wenn zum Beispiel Menschen, für die ich bete, irgendwann bei mir auf dem Sofa sitzen und mit mir über den Glauben ins Gespräch kommen.

Manchmal bin ich sicher nicht beständig genug im Gebet. Wie mache ich das also nun mit meiner endlosen Gebetsliste für alles, was ich so auf dem Herzen trage? Im besten Fall bitte ich Gott um das jeweilige Anliegen. Dann vertraue ich darauf, dass er es gehört hat und ich es ihm nicht immer wieder erzählen muss. Ich mache für mich innerlich einen Punkt und fange nun an, für das Erbetene zu danken: »Danke, Herr, dass wir eine Lösung finden werden, die Apfeltrockenmaschine unterzubringen und anzuschließen. Danke, dass du uns die richtigen Menschen über den Weg schicken wirst, die uns helfen.«

Der nette Techniker jedenfalls, der normalerweise unsere Holzheizung betreut, hatte so eine Freude daran, die Trockenmaschine anzuschließen, und ist in der Folge ein großer Apfelchips-Fan geworden ...

Geduld ist weiblich?

Geduld ist weiblich. *Die* Geduld. Per Definition ist sie das ruhige, beherrschte Ertragen von etwas, was sich lange hinzieht. Leider bin ich nicht gerade gut darin. Aber ich lerne ja noch.

In der Bibel habe ich gelesen, dass Geduld eine Haltung ist, in der sich eigentlich alle Christen üben sollten: »Die Frucht aber des Geistes ist Liebe, Freude, Friede, *Geduld*, Freundlichkeit, Güte, Treue …« (Gal 5,22). Aus mir selbst heraus schaffe ich das auf keinen Fall, aber mit der Hilfe von Gott wird etwas daraus. Ich las einmal von Versuchen mit Kindern, denen man ein Stückchen Süßigkeit vorsetzte. Die, die warten konnten, bekamen dann ein zweites und wurden so belohnt. Später stellte sich auch heraus, dass diese Kinder erfolgreicher im Leben waren – einfach weil sie gelernt hatten, sich in Geduld zu üben.

Wenn ich geduldig bin, vertraue ich Gott, dass er weiß, wann der richtige Zeitpunkt gekommen ist, Dinge Realität werden zu lassen. Wenn ich wieder einmal ungeduldig bin, tröste ich mich damit, dass ich eines Tages, vielleicht erst im Himmel, erfahren werde, warum manches so lange gedauert hat. Aber: Ob das alles da noch wichtig ist? Was zählt eigentlich wirklich?

Ich habe das Gefühl, dass es nicht nur mir so geht, sondern dass es ein Phänomen unserer Zeit ist: Alles muss heute und gleich passieren! Wir drücken auf den Knopf und die gewünschte Bestellung ist ausgelöst. Wir drücken auf den Knopf und die gewünschte Unterhaltung ist da, und so geht es immer weiter und weiter. Aber lernen wir doch wieder, geduldiger zu werden, denn nicht alle Wünsche erfüllen sich sofort …

Wunschzettel

Meine Familie hat im Zweiten Weltkrieg viel verloren, im Grunde alles, besonders auf der Seite meines Vaters. Das war wohl der Hauptgrund, weswegen meine Mutter eine »Aufheberin« geworden ist. All ihre Briefe sammelte sie jahrgangsweise. Auch von mir hat sie viel Schriftliches aufgehoben in einer großen geheimnisvollen Ledermappe, die ich erst nach ihrem Tod geerbt habe. Ach du meine Güte – da entfaltete sich mein ganzes Kinder- und Teenagerleben noch einmal vor meinen Augen! Ich fand Zettel, die ich meiner Mutter geschrieben hatte, mit Sätzen wie diesem: »Ich bleibe so lange in der Kneipe, wie ich möchte, da kannst du machen, was du willst!!!« Einen Zettel hatte ich damals auf mein nicht gemachtes Bett gelegt. Der Satz darauf lautete: »Mein Bett mache ich heute ***nicht***!« (Das »nicht« war dreimal wütend unterstrichen.) Aber es fanden sich auch Wunschzettel für Weihnachten. Sogar noch mein allererster, den ich als Vierjährige meiner großen Schwester diktiert hatte. Die Mappe meiner Mutter beherbergte noch weitere Listen mit meinen Wünschen wie z. B. eine Schildkröt-Babypuppe oder ein mit 15 Jahren ersehntes, aber nie erhaltenes BRAVO-Abo …

Heute sehen meine Wünsche und Wunschzettel anders aus. Viele teile ich mit meinem Mann Michael. »Die Buche hinten im Garten ist vertrocknet, das wäre doch ein schöner Sitzplatz. Und dann müsste man einen automatischen Wagen haben so wie unseren Rasenroboter, der einem den Eiskaffee aus unserem Apfel-Café direkt hierhin bringt!« Mein Mann und ich lachen und reden über unsere Träume und Visionslisten. Seit Beginn unserer Ehe spielen wir das Gedankenspiel »Was wäre, wenn Geld keine Rolle spielte und wir Mittel ohne Ende hätten?«. Das Wissen um die Kraft von Träumen und Visionen haben wir schon lange – nur: Wie können sie auch Realität werden? Wenn ich die Listen von 1991, dem Beginn unserer Ehe, bis jetzt anschaue, bin ich sehr dankbar, was seitdem alles passiert ist. Wunschzettel sind Ausdruck unserer Ziele und können helfen, uns zu fokussieren. Vor langer Zeit stand das Apfel-Café auf einem solchen Zettel. Ich sah diesen alten Schuppen aus DDR-Zeiten im Geiste schon renoviert und hatte alles genau vor Augen. Nur Daniel, unser Handwerks-Engel aus Polen, war nicht begeistert. Seine Devise lautete: Abreißen! In einer Aufräum- und Abrissaktion hatten wir allerdings schon den vor dem Schuppen gebauten Konsum-Markt, zu unseren Zeiten nur noch eines der Lichtenhainer Mäuseparadiese, abgerissen. Das bedauerte ich jetzt, denn ich hätte das Gebäude so gut gebrauchen können, wo wir nun aus allen Nähten platzten.

»Kann man hier auch Kaffee trinken?«

Warum aber stand das Apfel-Café auf meinem Wunschzettel ganz oben? Nachdem wir unsere Produkte nicht mehr nur auf einem Regal im Durchgangsflur, sondern in einem (viel zu kleinen) Hofladen präsentieren konnten, stellten meine Kunden und Besucher mir immer wieder die Frage: »Kann man bei Ihnen auch einen Kaffee trinken?« Innerlich musste ich dann immer seufzen und dachte an einen Lieblingsspruch meiner Mutter: »Ein Raum fehlt immer!« Michael wollte ich aber zu dieser Zeit mit dem Thema »Café« bzw. »Besucherraum« nicht belasten, denn er war gerade an seiner Grenze angelangt, was das leidige Bauthema betraf, hatte er doch den gesamten unteren Gartenflügel renoviert. Also musste ich andere Wege finden.

Durch meine Vorträge bei Wohlfahrtsverbänden wie der AWO oder der Volkssolidarität, in Kirchen, Altersheimen, Sportgruppen, Kneipen, Dorfgasthöfen oder alten Gutshäusern (wo sich noch lange nach der Wende Frauen- und Gymnastikgruppen oder die Feuerwehr in Räumen mit Linoleumboden, plastikverschalten Wänden und durchgesessenen Stühlchen trafen) kannte ich gefühlt jeden möglichen Versammlungsraum der Uckermark. Auch Richtung Mecklenburg, Barnim oder gar bis Potsdam reiste ich mit meiner Freundin Elisabeth Eberle, wo wir auch mal in edlen Restaurants literarische Apfel-Dinner gestalteten. So weit, so gut. Doch nach den Vorträgen fragten die Zuhörer oft, ob sie uns nicht einmal besuchen kommen könnten, nachdem ich so bildreich und lustig von Haus Lichtenhain berichtet hätte … Es musste also unbedingt ein Café oder Versammlungsraum her!

Herausforderungen kreativ angehen

Als Erstes bat ich Ferienkinder, uraltes Stroh und Dreck vom Boden der Scheune zu fegen – davon erzählen sie immer noch! Danach wurde vor dem zerfallenden Schuppen zunächst einmal ein Steinboden verlegt, das war ein Weihnachtsgeschenk von meinem Mann. Darauf wurde dann als vorübergehende Lösung ein kleines Zelt für 30 Personen installiert. Ich war glücklich, denn es war der Beginn eines zusätzlichen Raumes, um Besucher zu empfangen! Die Gruppen, die dann kamen, freuten sich mit mir über diesen Fortschritt. Zum Glück sah mich niemand, wenn ich nachts aus dem Bett hochschreckte, weil der Regen mit Macht auf das Zeltdach platschte. Die beachtlichen Pfützen, die sich dann bildeten, beförderte ich mit einem schon bereitstehenden Besen auf den Boden, und war hinterher selbst klatschnass. Wieder im Bett unter der warmen Decke kamen meine Gedanken nicht zur Ruhe. Ich überlegte, wie man das Toilettenproblem lösen könne, wie immer dringend! Denn eine Gruppe mit z. B. vierzig älteren Damen bedeutete schon mal 80 Toilettengänge während der Dauer des Besuches. Das, verteilt auf nur zwei Toiletten im Haus, war auf die Dauer nicht tragbar. Heute lächeln Michael und ich vielleicht über all diese anfänglichen Herausforderungen, wollen aber diese wichtigen Anfangsstadien nicht vergessen.

Gott versorgt

Ich habe es wieder und wieder erfahren, dass Gott mich in meinem Leben zur rechten Zeit mit allem versorgt, was ich brauche. Er möchte, dass es uns gut geht. Einer meiner Lieblingspsalmen aus der Bibel bringt das zum Ausdruck:

> »Der Herr ist mein Hirte, mir wird nichts mangeln. Er weidet mich auf einer grünen Aue und führet mich zum frischen Wasser. […] Du bereitest vor mir einen Tisch im

Angesicht meiner Feinde. Du salbest mein Haupt mit Öl und schenkest mir voll ein. Gutes und Barmherzigkeit werden mir folgen mein Leben lang und ich werde bleiben im Hause des Herrn immerdar.« (V. 1-2; 5-6)

Gott liebt es, wenn ich ihm vertraue und das Unsichtbare schon im Glauben sichtbar vor Augen und besonders im Herzen habe. Wenn sich bei meinen Wunschvorhaben und Träumen dann noch mein Mann auf meine Seite schlägt, kann eigentlich nichts mehr passieren …

So erhielt ich eines Tages eine Mail von einem Amt, die ich um ein Haar nicht geöffnet hätte. Die bayerische Ministerin Ilse Aigner hatte im Zuge der Initiative »Deutschland – Land der Ideen« für jedes Bundesland Mittel freigesetzt. Als ich davon las, wusste ich sofort: »Das ist unsere Chance, dass das Apfel-Café Realität werden kann!« Doch ich hatte nicht bedacht, wie aufwendig die Antragstellung für so ein verhältnismäßig bescheidenes, kleines Vorhaben sein würde. Zum Glück sind unsere treue, sich durch die schwierigsten Vorgänge durchkämpfende, immer Neues lernen wollende, sich hingebungsvoll um ihre Familie kümmernde Buchhalterin Angelika Lehmann und mein Mann ein wunderbares Team. Sie haben alles Notwendige auf dem Papier und dann auch in der praktischen Organisation bewerkstelligt.

Dieser Satz ist schnell dahingeschrieben, aber dahinter verbirgt sich unglaublich viel Einsatz. Angebote von Firmen mussten eingeholt und unsere Arbeiter eingewiesen werden, Material musste herangeschafft und Kosten überprüft werden und vieles mehr. Ich musste nichts machen und konnte mich derweil schon weiteren Projekten widmen. Ach, war das herrlich! Ich brauchte nur Ideen zu versprühen, die andere dann für mich umsetzten – ein großes Geschenk. Wie unendlich dankbar ich für diese großartige Leistung war, konnte ich nur in Form von Eiskaffees, Cappuccinos und Apfelkuchen wiedergutmachen, die ich gerne in das Büro der Denker, Ordner und Abrechner brachte. Ich bin so dankbar, dass Menschen unterschiedliche Gaben haben, sich mit Ämtern auseinandersetzen, Anträge perfekt ausfüllen und sich noch um den letzten Cent kümmern, während ich dann zur Einweihung glücklich Blumensträuße entgegennehme, die aber mindestens genauso denen gebühren, die still im Hintergrund arbeiteten. Wir brauchen einander und ergänzen uns in unseren Gaben.

Gefüllte Tische

Und dann war es da, das kleine Apfel-Café. Alles frisch und schön, noch ein wenig steril vielleicht. Aber so langsam sprach es sich rum und wir empfingen zwar nicht Massen von Gästen, aber es wurde besonders im Sommer für Touristen zu einem weiterer Anziehungspunkt und ganz praktisch mit dem Holfladen gegenüber verknüpft.

Der Ort wurde besonders von Gruppen und Bustouren entdeckt, die in der Saison einen großen Teil unseres Umsatzes ausmachten. Das Café platzte bald aus allen Nähten und ich wünschte, ich hätte den guten Rat eines Unternehmers – »Bau so groß wie möglich« – beherzigt. Ein »Fehler«, mit dem ich nun leben muss, aber damals hätte ich wirklich nicht gedacht, dass sich das Gruppengeschäft so ausdehnen würde. Bald kamen uns Gruppen aus ganz Deutschland besuchen, darunter viele Kirchengruppen, Motorradgruppen, Landfrauengruppen, Chöre, die uns herzergreifend ein Abschiedslied sangen, Musiker, kulturell Interessierte und einfach nur Uckermärker Gruppen, die mal was anderes sehen wollten. Heute denke ich manchmal, dass mittlerweile eigentlich schon ganz Berlin hier gewesen sein müsste. Manche Gruppen kommen auch immer wieder, sodass ich mir ständig Neues einfallen lasse, was ich ihnen erzählen kann, damit es nicht langweilig wird.

Jeder ist willkommen

Auf meiner Bewertungsliste im Internet beschwerte sich einmal ein Gast über eine Busgruppe, die bei uns zum Kaffeetrinken zu Besuch war, weil überall Rollatoren gestanden hätten. Doch Lichtenhain heißt eben alle willkommen mit sehr viel Platz und liebevollen Begegnungen, die im Apfel-Café und im Hofladen möglich sind. Ich habe mir vorgenommen, demnächst allen Menschen ab achtzig Jahren Kaffee und Kuchen gratis anzubieten. Und wer mit dem Rollator kommt, dem spendiere ich noch ein Gläschen Apfellikör dazu. Ich bin sehr dankbar für ältere Menschen und denke gerne an so manche, die mir ihre Zeit geschenkt und in mich investiert haben, z. B. eine viel beschäftigte Pfarrfrau, die mit mir Noten-Intervalle für die Orgelprüfung lernte.

»So haben wir uns das nicht vorgestellt!« – mit diesen leicht empört geäußerten Worten schritt eines Tages ein distinguiert wirkendes Ehepaar im mittleren Alter über unseren Hof. Eine Busgruppe aus Berlin war zu Besuch und überall wimmelte es nur so vor Menschen. Ein fröhlicher, schon leicht angeheiterter Berliner Banjospieler saß in der Sonne auf der Bank und spielte den Altberliner Gassenhauer »Puppchen, du bist mein Augenstern«. Einige schunkelten mit und holten sich eine kleine Flasche Apfellikör aus dem Hofladen. Für mich war es Glück pur! Aber wie konnte ich auch dem Ehepaar gerecht werden und helfen, dass sie sich wohler fühlten? Sollte ich die beiden vielleicht nach hinten in den Garten führen, wo es stiller und besinnlicher war? »Die Gruppe hat schon Kaffee getrunken und ist mit dem Einkauf fertig«, versuchte ich das Paar zu beschwichtigen. »Gleich wird es wieder so, wie Sie es sich vorgestellt haben. Haben Sie bitte einen Moment Geduld.« Doch sie waren nicht zu besänftigen. Das tat mir leid, aber ich konnte es nicht ändern. Jeder hat das gleiche Recht, Lichtenhain zu besuchen.

Freundlichkeit und Gelassenheit

An einem schönen, aber gewittrigen Nachmittag wird es brechend voll im Café, doch wir sind gut vorbereitet. Nur noch ein Kuchen muss fertig gebacken werden. Die Gruppe, die sich mit acht Personen angemeldet hat, ist zu früh. Sie bringt sehr viel Bewegung ins sonst eher friedliche, mit schönem Duft aromatisierte Café, in dem leise Musik im Hintergrund erklingt und Gäste lesen, sich unterhalten und das Gewitter erwarten. Die Achtergruppe wird ruhiger, nachdem die Herren sich den Wünschen und Vorschlägen der Damen gefügt haben ...

Ich komme an ihren Tisch und nehme die Bestellung auf. Jeder ist durstig, ein Espresso soll es sein, natürlich mit einem

Glas Wasser – mit oder ohne Kohlensäure? Einen Latte, für den es eine ruhige Hand braucht, einen Moccaccino. Dann ein Vanillepudding klein. Einer aus der Gruppe fragt: »Von welchem Baum stammt das Apfelmus?« Hafermilch lactosefrei. Ob im Kuchen Zucker wäre? Dann noch die Frage: »Haben Sie auch etwas Herzhaftes?« Ich antworte: »'ne dicke Bockwurst wie von der Tanke mit Toastbrot!« Entsetzen steht auf den Gesichtern! Kleiner Spaß für die Gruppe. Ich lächele unbeirrt freundlich und dirigiere nebenbei die nächsten, einen Platz suchenden Gäste zu ihrem Sitzplatz.

Ja, wir stellen uns gerne auf alle Städter ein, auch wenn wir in der Uckermark erst lernen mussten, dass es überhaupt Hafermilch gibt. Als die Gäste der Achtergruppe mehrmals kleinere Sachen nachbestellt haben, ziehen sie irgendwann glücklich von dannen mit dem Versprechen wiederzukommen. Eine der Frauen sagt mir, dass sie es bewundere, mit welcher Gelassenheit und Fröhlichkeit ich alles im Griff habe.

Tatsächlich konnte ich die ganze Zeit über gelassen bleiben, merkte aber an diesem Tag auch ganz deutlich: Das kam nicht aus meiner eigenen Kraft, sondern aus Gottes Kraft und durch seinen Geist. Dadurch, dass ich mit Gott verbunden bin und ihn anbete. Was Anbetung heißt, machen mir z. B. die Vögel auf meinen morgendlichen Joggingrunden vor. Anbetung ist für mich mit dem Schöpfer verbunden. Ich wende den Blick von mir weg auf die Sonne, die Blumen, den Wind, die Schönheit in der Natur – all das deutet auf den Schöpfer hin. Jeden Tag lade ich Gott und seinen Geist ein, wie in der Natur, so auch im Apfel-Café gegenwärtig zu sein. Die Gegenwart Jesu durchflutet oft das Café und ich denke, viele Gäste spüren das.

Gottes Liebe widerspiegeln

Ich liebe unsere Gäste und möchte es ihnen eigentlich oft sagen. Doch stattdessen versuche ich, es ihnen durch meine Taten und mein von Gott erfülltes Sein zu zeigen.

Die letzte Busgruppe, die vor Ausbruch der Corona-Pandemie im Apfel-Café war, werde ich so schnell nicht vergessen: vierzig mir so liebe Thüringer! Das Virusthema lag schon voll in der Luft, aber es gab noch keine genauen Vorschriften für Hygienemaßnahmen und Abstand. Aber irgendetwas würde kommen, das war uns allen klar. Angesichts der Lage versuchten wir, alles so schön wie nur irgend möglich zu machen. Blümchen in die mit roter Farbe gefüllten Glasvasen stellen, duftende Kerzen anzünden, Kuchen auf den Tellern so platzieren, dass man den schön gemalten Apfeldekor mit Blatt noch sehen kann, Sahne in Glasschalen füllen und auf den noch leeren Kaffeetassen quasi als Vorgericht unsere schönen kleinen Apfel-Probierteller platzieren. Musik, Duft, Wärme, Kaffee, Tee, Wasser. Draußen im kalten Märzwetter standen rote Äpfel als Blickfang in einem riesigen schweren Glas (dessen Vorgänger samt Äpfeln einmal den Waschbären zum Opfer fiel). Der Laden war geöffnet, die Regale gefüllt und alles ordentlich ausgepreist.

Die Gruppe ahnte, dass dies wohl das letzte Mal für lange Zeit sein würde, dass man so zusammenkommen konnte, und nahm Platz. Als ich nach einiger Zeit wieder ins Apfel-Café schaute, saßen dort 40 schweigende, friedlich die Atmosphäre genießende Menschen. Die Instrumentalmusik, die leise im Hintergrund lief, war Anbetungsmusik. Es war so schön!

Ich glaube, niemand von uns wird diesen Tag vergessen und weiter mit sich im Herzen tragen. Für solche Momente und Menschen lohnt es sich, den Aufwand zu betreiben und ohne Worte eine schöne Atmosphäre zu gestalten, die Tiefe und Sinn ausstrahlt.

Verschönerungen - innerlich wie äußerlich

Durch meine erste Berufstätigkeit als Buchhändlerin bin ich viele Menschen gewöhnt und erinnere mich an eine Situation als Lehrling in Wilhelmshaven. Es war im Weihnachtsgeschäft und brechend voll. Ich stand hinter dem Tresen und musste einem verärgerten Kunden mitteilen, dass seine bestellten Bücher noch nicht da waren. Er ging mich daraufhin wie ein Bullterrier an. Mir kamen, sicher auch vor Erschöpfung, die Tränen und ich rannte die Treppe hoch in den Personalraum. Nie werde ich meinen Chef vergessen, wie er alles stehen und liegen ließ – den Umsatz, die Kunden, das Geschäft –, nur um mich kleinen, 170 D-Mark verdienenden Lehrling zu trösten. So eine gute und wertschätzende Chefin will ich auch sein. Ich bitte Gott häufig, dass ich mehr und mehr eine fröhliche, positive, freundliche, liebevolle, geduldige, ordentliche, gepflegte, kompetente Arbeitgeberin werden kann. Dass ich glücklich, bewundernd, visionär, stark, kreativ, betend und hörend, erwartend und vertrauend agieren kann statt missmutig, ungeduldig, lieblos und alles, was sich in dieser Liste noch nennen ließe.

Wenn ich die Bemühungen unseres Pastorenehepaares Matthias und Gabi Schmöcker aus Prenzlau über die letzten 20

Jahre hinweg anschaue, wie sie mit wenigen Mitteln aus dem Autohaus gegenüber des Prenzlauer Bahnhofs die Gemeinde Stück für Stück immer weiter, schöner und besser gestalten, so ist mir das ein Ansporn, das nachzumachen. In dem großen gefliesten Saal saßen wir zunächst auf billigsten Klappstühlen, sodass mein groß gewachsener Mann neben mir während des Gottesdienstes vor Rückenschmerzen ständig hin und her rutschte. Und nun gibt es schöne bequeme Stuhlreihen, viel mehr, als wir bisher Mitglieder sind. Aber so sind wir vorbereitet auf all die Menschen, die kommen werden. Und wir erwarten das auch.

Als Gemeindeglieder putzen wir oft unser Gemeindehaus selbst – was lernt man nicht alles dabei! Auch wenn ich Chefin bin in Lichtenhain: Hier muss ich der Leiterin des Putzdienstes zuhören, die mir sagt, welchen Lappen und welches Mittel ich nehmen und mit wem ich zusammenarbeiten soll. Einige kommen zu spät zur Putzaktion, doch die Leiterin bleibt liebevoll und geduldig. Ich genieße das anschließende gemeinsame Picknick in den inzwischen gepflegten Außenanlagen. Dabei lerne ich vom besten Friseur Prenzlaus viel über Beet-Pflege. Warum stellen wir keinen Küster an, fragen Sie sich vielleicht? Es tut gut, für Gott zu arbeiten und sein Haus so schön wie möglich zu machen.

Ich erinnere mich gerne daran, wie ich als Kind mit meinen Eltern im Urlaub neben zahlreichen Zoobesuchen oft auch Kirchen besichtigte. Ich sehe sie noch vor mir, die wunderschönen, kunstvollen Kirchen. Auch in Brandenburg haben wir einzigartige Bauten, die von großem Glauben und Exzellenz zur Ehre Gottes zeugen – z. B. die barocke Klosteranlage

Neuzelle oder meine geliebte Dorfkirche in Kunow mit ihrer reichen, außergewöhnlichen Innenbemalung. Aber auch Gotteshäuser, die ohne Schmuck auskommen wie die der Amisch oder Hutterer z. B., werden Gott zur Ehre »verschönert« durch Ordnung und Sauberkeit. Natürlich kommt es nicht nur auf die äußere, sondern auch auf die innere Schönheit an: Der Gottesdienst endet ja nicht am Ausgang der Kirche, sondern setzt sich fort in dem, wie ich lebe und anderen Menschen begegne.

Gepflegte Anlagen und Bauten inspirieren mich für Haus Lichtenhain, das Apfel-Café und unsere Außenanlagen. Mir kommen neue Ideen, über die ich allerdings nur rede, und mein Mann muss dann die Arbeit machen … Gedanken wie »Ein Apfel-Museum muss her« wage ich deshalb noch nicht auszusprechen, denn ich will ja verheiratet bleiben!

Eines Abends sitzen wir mit Freunden draußen am Café und der Blick des einen fällt auf den nahe gelegenen Feuerwehrteich. Er neckt meinen Mann: »Oh, ich kann den schwarzen Plastikrand an deinem Teich sehen!« Wir lachen. Wie mein Mann hat auch er einen scharfen Blick für das, was noch nicht ist und der Verbesserung bedarf. Ich entgegne: »Aber ich sehe den gemähten Rasen und den Teich, der mal eine Pferdetränke war und aus dem wir Kinderwagen und Müll ohne Ende rausgefischt haben, bis alles so schön war wie jetzt.« Alles ist eine Frage der Perspektive. Was siehst du? Was willst du sehen? Es darf auch mal das Unperfekte gefeiert werden, denn das Leben ist eine Baustelle.

Mise en place – alles hat seinen Platz und seine Zeit

»Mise en place« ist ein feststehender Begriff in der Gastronomie. Er bezieht sich auf die optimale Vorbereitung und Organisation des Arbeitsplatzes und könnte übersetzt werden mit »Alles steht an seinem Platz«. Das brauchten wir dringend in Lichtenhain! Denn wir hatten eine Küchensituation erreicht, die Stress und Hektik auslöste und uns das Arbeiten unnötig erschwerte. Alles zu systematisieren war deshalb ein guter Rat, nur … wie?

Wir begannen damit, nach unserem gemeinsamen Mittagessen gleich mit allen Mitarbeitern das Café vorzubereiten. Alle Stühle wurden rausgestellt, der Boden gewischt, die Toiletten gereinigt. Der Kuchen wurde in Stücken gleich auf den Tellern griffbereit vorbereitet für den Fall, dass viele Gäste auf einmal auftauchten. Die Sahne in der Sahnebombe wurde aufgefüllt und alles den effektivsten Arbeitsabläufen gemäß organisiert. Jeder Handgriff zählte. Die Stolperfalle tat sich dann doch eines Samstags auf, kurz vor dem Ende der Öffnungszeit. Freunde kamen uns unerwartet besuchen und ich dachte, ich könnte den Abend mit ihnen ruhig ausklingen lassen. Aber dann kam unangemeldet noch eine große Gruppe Gäste vorbei. »Oh Erde, tu dich auf! Herr hilf!«, dachte ich. Unsere Freunde wollten helfen, brachten aber eher noch mehr Chaos in die ohnehin schon stressige Situation – und in all dem sollte ich noch den Überblick behalten. Das war das letzte Mal, dass mir so etwas passierte. Inzwischen haben wir für solche Notfälle Kuchen eingefroren und alles ist genügend vorbereitet – »Mise en place«! Ich »herrsche« in diesem Café und nicht das Chaos oder fordernde Gäste. Ich habe jeden Handgriff noch mal durchdacht und mir auch bei anderen Gastronomen effektive Arbeitsabläufe abgeschaut. Das bricht den Stress in zu bewältigende Einheiten herunter. Vorbereitung ist alles.

So habe ich es mir zur Angewohnheit gemacht, auch außerhalb des Cafés mit Praktikanten und Mitarbeitern auf Runde zu gehen. Ich überprüfe alles und schule sie so nebenher, diesen Blick schon morgens einzunehmen, wenn sie auf den Hof kommen – den Blick aus der Perspektive des Gastes: Müssen die Äpfel in der großen Deko-Vase aufgefrischt werden? Wirkt alles einladend, sauber, gepflegt? Denn es könnte ja ein Engel zu Besuch kommen! Hält alles dem prüfenden Blick der Besucher und besonders Michaels Blick stand? Nur wenn auch das Äußerliche gut organisiert, »Mise en place« wirkt, strahlt es Sicherheit für meine Mitarbeiter und mich aus. Und die Gäste kommen gerne wieder, freuen sich am gewohnten schönen Anblick der geschmückten Blumenkästen oder entdecken Neues.

Bin ich »Mise en place«?

»Alles soll seinen Platz haben« – die Systemgastronomie wurde mir im Großen zum Vorbild für das, was auch in anderen Bereichen unseres Lebens gilt. Auch da sollte es bestimmte Orte geben: einen Platz und eine Zeit für das Treffen mit Freunden, für die Arbeit (nur für das, was auf der Liste steht), für den Waschtag … Und auch sonntags, wenn ich im Gottesdienst bin und Gott diene (deshalb Gottes-Dienst), ist die Frage: Bin ich »Mise en place«? Bin ich »aufgeräumt« und bereit für das, was Gott durch mich und mit mir tun will?

Ich stelle z. B. bei uns im Flur Körbe bereit mit Dingen, die ich Menschen, die ich beim Gottesdienst sehen werde, mitbringen möchte. Einen kleinen Brief, eine Ermutigung, ein Herz als Handschmeichler, auf dem »Du bist geliebt« steht, oder auch eine Karte mit einem Bibelvers. Man kann immer geben.

»Mise en place«, »bereitgestellt« für Gott bin ich auch, wenn ich vom Gottesdienst und der Predigt Inspiration, Rat und Hilfe erwarte. Während des Hörens auf Gottes Wort erwarte ich Antworten für mein Leben, auf dringende Fragen, die nur Gott beantworten kann. Manchmal redet er aber auch zu mir durch die Geschwister in der Gemeinde. Er sehnt sich danach, mir auf ganz unterschiedliche Weisen mehr von sich offenbaren zu können.

Stille hilft, sich innerlich zu ordnen

Gott zeigt sich uns auch in der Stille. Sie spricht manchmal lauter, als wir denken. Ich nehme mir vor, die Stille mehr zu suchen, denn sie hilft mir, vor Gott und mir selbst manche Dinge zu ordnen. Es ist zwar nicht immer leicht, die Ruhe und Stille auszuhalten, denn in ihr werde ich mit gewissen Haltungen oder Verhaltensweisen konfrontiert. Doch letzten Endes geschehen dadurch heilsame Veränderung und Richtungsweisung.

Viele Menschen haben Sehnsucht nach Stille. Hier in Lichtenhain, abseits der Straße, haben wir mehr als genug davon zu bieten – es sei denn, die Erntewagen holen im August das Getreide und bringen es zur Halle. Oder der laute Rasenmäher muss doch eingesetzt werden, weil der leise Mähroboter die große Fläche nicht schafft. Aber meistens ist es hier sehr still und man kann gut zur Ruhe kommen – probieren Sie es aus!

Kapitel 3

Es läuft nicht immer alles glatt

Vom Winde verweht

Unser erstes Zelt für Besucher, von dem ich schon berichtet habe, landete eines Tages während eines kurzen, heftigen Sturms in unserem Feuerwehrteich. Zuvor hatte die ganze Belegschaft inmitten heftiger Windstöße versucht, es zu retten. Die Mitarbeiter hängten sich an die Metallstäbe, als ob es ihr Leben gälte. Besonders unsere Buchhalterin, die die Anschaffungskosten noch nicht abgeschrieben hatte, kämpfte verzweifelt mit und wäre mir beinahe weggeflogen! Die Kraft des Windes war enorm. Die Tische standen noch, aber alle Vasen waren mit ihrem gefärbten Wasser auf die weißen Tischdecken umgekippt. Das noch nicht abgeräumte Geschirr der letzten Gruppe lag zerdeppert auf dem Rasen und Regengüsse vermischten alles zu einem Brei. Irgendwann sahen wir ein, dass wir keine Chance gegen das Wetter hatten, und gingen ins Haus. Von dort beobachteten wir, wie das ganze Zelt in den nahe gelegenen Feuerwehrteich flog und da langsam wie die Titanic versank! Hunderte Euros lagen nun im Feuerwehrteich – was für ein Drama! Da die nächsten Gruppen schon im Kalender standen, mussten wir nun wohl oder übel ein neues Zelt anschaffen. Nein, es läuft nicht immer alles perfekt im Leben. Auch als Christ bin ich immer wieder vor große Herausforderungen gestellt. Doch ich weiß, dass ich mit allem, was mich bewegt, zu Gott kommen kann.

Likör-Malheur

Vor einigen Jahren habe ich zum Weihnachtsgeschäft wieder unseren Apfel-Likör in unsere Produktpalette aufgenommen. Seine Herstellung ist nicht ganz einfach. Meinen Mitarbeitern bringe ich normalerweise wortreich bei, sich erst alle Zutaten bereitzustellen, bevor sie Teig oder Marmelade herstellen. Doch im Durcheinander des anstehenden Weihnachtsgeschäftes, zu dem der Apfel-Likör angeboten werden sollte, sah das Prozedere bei mir selbst leider etwas anders aus! Bevor ich die vorletzte Zutat zu der letzten kippte, mit Schwung versteht sich, und selig zusah, wie sich beide Flüssigkeiten in dem großen 200-Liter-Fass vermischten, fühlte ich plötzlich Unbehagen in mir aufsteigen und die Erkenntnis: »Hier stimmt was nicht!« Voller Entsetzen sah ich auf die Flasche in meiner Hand. Doch da waberten schon 100 Liter Flüssigkeit im Bottich und das Malheur war nicht mehr rückgängig zu machen. Oder doch? Ich gab mehr Zucker dazu, mehr Wasser, mehr hiervon, mehr davon – und schließlich ergaben sich stolze 150 Liter ungenießbare Brühe. Es wurde immer schlimmer, und die erwartungsvoll fröhlich angetrabten Vorkoster verzogen sich mit bitterer Miene schnell wieder in einen anderen Raum. Nun konnten Hunderte von vorbestellten Präsenten nicht fertig gepackt werden, weil das wichtigste Produkt, der hochgelobte Likör, fehlte! Da half nur: Schnell neuen Likör ansetzen – doch das ist so gut wie unmöglich in der Uckermark! In meiner Verzweiflung rief ich die Zulieferfirma an. Ein trockenes »Das können Sie vergessen, wir haben ab morgen Betriebsferien« trieb mir die Schweißperlen auf die Stirn. Doch Gott sei Dank fiel mir noch eine Likörfabrik in der Uckermark ein! Die Kollegen halfen mir im wahrsten Sinne des Wortes aus der Patsche und sogar das verworfene Erstergebnis konnte irgendwie noch gerettet werden. Mitfühlend wurde das Ganze von einem Onkel begleitet, der die Geschichte zum Besten gab, wie in den 60er-Jahren in einer Firma in Norddeutschland Ähnliches passierte und Rum in Rotwein geriet, aus Versehen. Die Mischung wurde damals kurzerhand »Zigeunerfeuer« getauft und war ein riesiger Erfolg. Ich nahm mir jedenfalls vor: Nie wieder werde ich mich hektisch an die Herstellung unseres Apfel-Likörs machen, sondern mit Bedacht alle Zutaten genau prüfen!

Schokoladen-Anekdoten

Als ich meine lang ersehnte Schokoladenmaschine bekam, half mir mein Mann, sie einzurichten. Es war extrem aufregend. Jahrelang war sie mein Ziel gewesen. Auf Messen bin ich um die Stände von den Anbietern herumgepirscht, um schließlich ewig vor den Maschinen stehen zu bleiben. Ich wusste, ich brauche so eine Maschine, auch wenn sie unerreichbar schien. Doch dann konnte ich schließlich eine »Großmutter« gebraucht erwerben – fast so alt wie ich, die aber ihre Dienste für unsere kleine Produktion passgerecht tat. Allerdings nicht auf Anhieb – das wäre ja auch zu schön gewesen! Wir mussten erst Freunde werden, die Maschine und ich. All die Schrauben, die Metallbänder, das Geräusch der Bewegung ... Dazu die ca. 30 kg Schokolade, die in den Wannen waberte und schwappte. Schokolade braucht die richtige Schmelztemperatur und auch die richtige Außentemperatur. Der Hochsommer ist da meist eine Herausforderung. Noch in den Zeiten vor unserer Maschine, als wir die Schokolade von Hand auf unsere Produkte aufbrachten, hatten wir einmal einen ganz besonderen Auftrag: Für die Leipziger Messegesellschaft mit dem passenden Namen durften wir Hunderte von Lebkuchen fertigen und mit Schokolade bestreichen. Irgendwann lagen dann alle Küchlein auf den Blechen glücklich bereit und der Auftraggeber drängte schon, wo denn die Ware bliebe. Als wir am nächsten Morgen in die Backstube kamen, bot sich uns ein schlimmer Anblick: Die Schokolade auf allen Lebkuchen war grau geworden. Wir mussten von vorne anfangen. Es war schrecklich. Ähnliches ist uns dann mit der neuen Maschine zu Anfang auch einige Male passiert und ich wollte schon aufgeben. Aber mittlerweile sind wir absolute Profis, was Produkte mit Äpfeln und Schokolade angeht.

Noch einige schöne Schokoladen-Anekdoten: Einmal hatten wir im Eifer des Gefechts doch tatsächlich Wasser in die Schokoladenmasse gekippt, damit war alles hin. Ein anderes Mal hatte ich in den nicht gut einsehbaren oberen Schokoladenbehälter zu viel flüssige Schokolade gegossen, das Band der Maschine rotierte und rotierte, und alles lief hinten wieder raus. Sogar beim Saubermachen trat man noch überall in die Soße und die Wannen mussten unter großem Aufwand wieder gereinigt werden. Wir waren an unserer Geduldsgrenze angelangt. Komplett ruhig war in dieser Situation nur unser Bäckermeister, der einer anderen Arbeit im Nebenraum nachging. Etwas zuversichtlicher machte mich in dieser Situation, dass ich wusste: Er betet!

Lesereisen-Desaster

Meine Lese- bzw. Vortragsreisen werden oft drei Jahre im Voraus geplant und dann akribisch mit den Veranstaltern abgesprochen. So auch die nach Münchberg bei Hof. Immer wieder hatte ich mit der netten Pfarrersfrau dort Kontakt und wir waren uns über alles einig. Dann hörten wir eine längere Zeit nichts mehr voneinander. Eines Freitagabends erreichte mich ein Anruf, ob denn alles klar sei für Samstag. Entgeistert sah ich auf meinen Kalender, schluckte und sagte: »Hier steht leider nichts von Münchberg, ich rufe Sie aber gleich noch mal an!« Oh, Oh! Michael wusste schon meinen Gesichtsausdruck zu deuten. Seine Antwort in solchen Fällen war eigentlich immer: »Bleib ganz ruhig!« Aber wie bloß? Nachdem wir uns besprochen hatten, blieb mir nichts weiter übrig, als die nette Pfarrfrau noch einmal anzurufen, um ihr die Hiobsbotschaft zu überbringen, dass ich am anderen Morgen nicht beim Frauenfrühstück sprechen würde. Doch die Stimme der Pfarrfrau am Telefon, die alles organisiert hatte, schien nichts aus der Ruhe bringen zu können. Sie hat den Morgen ohne mich als Referentin mit einigen Mitarbeiterinnen wohl sehr gut überstanden. Im Nachhinein erreichten mich so unglaublich nette

Fotos von allen Teilnehmerinnen und ich musste sehr darum ringen, mir wieder einmal selbst zu vergeben.

Als ich dann schließlich am Samstag in Wittstock zum Vortrag fuhr, tobte gerade ein heftiger Sturm. Meine treue Begleiterin Maria musste sich meine Sorgen anhören, ob uns denn wohl kein umgestürzter Baum die Fahrbahn versperren würde. Mein Vortrag im Rathaus wurde dann immer wieder unterbrochen vom Geräusch herabfallender Dachziegel, die auf parkende Autos krachten! Im folgenden Jahr stand Münchberg bei Hof dann dick umrahmt in meinem Kalender und die Nächte vor meiner Reise dorthin waren nicht gerade mit gutem Schlaf gesegnet. Aber, Gott sei Dank, Michael kam mit!

Apfelfreie Zone

Im Frühjahr 2017 konnten wir bereits absehen, dass wir in diesem Jahr wohl die allerschlechteste Apfelernte überhaupt einfahren würden. Eine Katastrophe! Hätte ich doch im Jahr zuvor mehr Saft abgefüllt und mehr Vorräte angelegt! Und wie sollten wir bloß im Mai ein Apfelblütenfest ohne Blüten an den Bäumen feiern? Aus der Not dekorierte ich einige Bäume mit Tüll, um Blüten zu symbolisieren. In »normalen« Jahren kommen um die 650 Kunden in unsere Mosterei, um Saft pressen zu lassen, aber diesmal waren es nur 16! Die paar Äpfel, die es doch noch geschafft hatten, pflückten wir wie Diamanten von den Bäumen. Allerdings hatten wir das Glück, viele Kilometer weiter wenigstens genug Äpfel für die Kleinproduktion sammeln zu können. Mich hat dieses Erlebnis sehr demütig gemacht. Irgendwie erwartet man wahrscheinlich, dass es mit der Apfelernte immer problemlos so weitergeht, obwohl wir ja beim Getreide auch Hochs und Tiefs gewohnt waren. Aber Äpfel hatte es eigentlich immer in Hülle und Fülle gegeben. Im Jahr 2020 dann war die Situation ähnlich. Diesmal hatte es in unserer weiteren Umgebung sehr wenig Äpfel gegeben und dementsprechend wenige Saftkunden. Nur bei uns quollen die Bäume über, sodass wir oft gefragt wurden, ob bei uns gesammelt werden dürfe, was wir gerne ermöglichten.

Mir ist durch diese Ereignisse wieder neu klar geworden: Alles kommt aus Gottes Hand, auch die Ernte! Nichts ist selbstverständlich, auch nicht der köstliche Apfel, der bei uns in großer Zahl wächst. Für Menschen früherer Jahrhunderte war der Apfel eine große Kostbarkeit. Zu Zeiten des Zaren in Russland galt das Apfelblütenfest als *das* Fest des Jahres.

Hackepeter satt

Im November sind wir nach der anstrengenden Saison meistens urlaubsreif. In einem Jahr konnte ich Michael mit Mühe dafür gewinnen, wenigstens den 11.11. abzuwarten, um danach für eine Woche Pause zu machen. Ich wollte nur noch zwei Besuchergruppen empfangen. Ich hatte mir bereits alles so schön ausgerechnet und wollte von dem Verdienst eine kleine Maschine erwerben. Das große Besucherzelt war mittlerweile novembersturmerprobt. Und meine Mitarbeiterinnen waren sehr motiviert, für das warme Essen für die beiden Gruppen entsprechend viele Äpfel auszuhöhlen, um sie mit 20 kg Hackepeter (gewürztes Schweinegehacktes) zu füllen.

Einen Tag vor dem Besuch wollte ich dann noch einmal das Busunternehmen kontaktieren, um die Einzelheiten abzusprechen. Doch sie waren weder im Internet noch unter deren Kontaktdaten erreichbar. Ich dachte schon an einen üblen Scherz zum 11.11., als ich schließlich doch jemanden ans Telefon bekam. Dieses Mal war nicht ich schuld: Der Termin war uns nicht richtig weitergegeben worden– er war erst im Jahr darauf. Nun saßen wir auf 20 kg Hackepeter und verfrachteten das Mett erst einmal in den Tiefkühlschrank. Die Mitarbeiter beruhigten mich und versprachen, das Weihnachtsgeschäft eine Woche lang allein zu managen, damit mein Mann und ich in den verdienten Urlaub fahren konnten. Nein, es geht nicht immer alles glatt!

Am Meer und doch nicht mehr

Vor einigen Jahren stand meine Freundin Evi in meinem Laden in Lichtenhain und meinte: »Ach, so einen Laden wie hier müsste es bei uns in Warnemünde geben!« Ich war sofort Feuer und Flamme und Evi hatte bald einige Vorschläge, wie wir das verwirklichen könnten. Der Laden wurde ein wahrer Traum, geschmückt mit einer kleinen weißen Balustrade in einem schönen alten Haus. Dazu wurde er von einer hinreißenden Verkäuferin hingebungsvoll geführt. Leider stellte sich mit der Zeit heraus, dass der Laden nicht günstig genug gelegen war und es an ausreichend Kunden fehlte. Wir versuchten wirklich alles, um das Geschäft anzukurbeln: Werbung, Prospekte, Artikel in Zeitungen etc. Aber es war nichts zu machen. Irgendwann musste ich mir eingestehen, dass wir den schönen Laden unter der Laterne in dieser traumhaften Stadt am Meer nicht mehr halten konnten. Trotzdem war es eine wunderschöne Zeit gewesen, die alle Beteiligten wohl nicht bereuen.

Pannen passieren eben

Nachmittags, mitten im Hochsommer: 20 Kilogramm entsteinte Kirschen für meine Kirschprodukte liegen schon bereit. Mein absolutes Highlight und auch ein Kundenliebling ist die Kirsch-Schoko-Sherry-Konfitüre. Deshalb sind wir gerade dabei, einen größeren Kundenauftrag fertig zu machen. Als ich den Kochkessel öffne, trifft mich fast der Schlag, denn der Inhalt gärt fröhlich vor sich hin. »Ach, hätte ich doch bloß besser geplant! Wie kann denn so ein Verlust passieren?«, tadele ich mich innerlich. Doch dann überlege ich: Solche Dinge passieren eben. Es klappt nicht immer alles im Leben. Die Frage ist eher, wie ich damit umgehe. Es kostet zu viel Kraft, solchen Unfällen ewig hinterherzuhängen. Natürlich lerne ich daraus, muss aber auch nach vorne schauen und mir sagen: »Es ist passiert, aber es geht weiter!«

Ein anderes Mal fiel aus Versehen ein Probierteller in die Marmeladenmaschine und wurde mit einem Knall von den Schneidemessern des großen Rührkessels zerschreddert. Plötzlich waren 60 Kilogramm Apfel-Caramel-Fruchtaufstrich unbrauchbar geworden. Ach, all die Arbeit und Mühe und die schönen Zutaten! Egal. Weiter. Bloß nicht aufregen, es ist eben passiert. Wäre es vielleicht nicht geschehen, wenn ich morgens mit Gebet und mehr Ruhe in den Tag gestartet wäre? Und wenn schon: Gott ist da und lässt vergessen und gibt Kraft und Mittel, alles wieder zu richten.

Einmal brannte uns eine riesige Ladung Apfel-Mandel-Plätzchen an und war nicht mehr zu retten. Dann wieder machte uns die große Maschine, in der wir den Kaffee für die Gruppen kochen, einen Strich durch die Rechnung. Wir merkten erst am Ergebnis, dass sie kaputt ist: Brrr, lauwarme und dünne Brühe für 50 Personen!

Busse und Buße am Sonntag

Am schlimmsten ist es für mich, wenn andere Menschen durch Pannen betroffen sind oder dafür geradestehen müssen, wenn ich etwas vermasselt habe. Es war im wunderschönen Monat Mai an einem wunderschönen Sonntag: Mein Mann Michael und ich fuhren aus irgendeinem Grund mit unserem Transporter und dem Auto zum Gottesdienst. Danach war Würstchenessen, Kaffeetrinken und gemütliches Beisammensein angesagt. Irgendwann meinte Michael, er würde schon mal losfahren. Nur wenige Minuten, nachdem er in Lichtenhain angekommen war, bog ein mit 50 interessierten, fröhlichen, hungrigen und unternehmungslustigen Berlinern besetzter Bus um die Ecke. Michael schwante nichts Gutes. Wir hatten eigentlich ausgemacht, dass wir sonntags keine Gruppen mehr empfangen, und das hatte bis zu diesem besagten Sonntag im Mai auch wirklich gut geklappt. Irgendwann brach auch ich schließlich aus der Gemeinde auf. Erst kurz vor Lichtenhain sah ich auf mein Handy, das ich auf *lautlos* gestellt hatte: Zehn verpasste Anrufe meines Mannes – oh nein! Ich hatte die Busgruppe nicht auf dem Schirm gehabt. Mit einem süßlichen Blick begrüßte mich mein Mann und sagte nur, dass ich das wiedergutmachen müsse ...

Zum Glück halfen mir der nette Busfahrer und die Reiseleiterin, Café und Terrasse in Windeseile einzudecken. Und Gott sei Dank hatten wir herrlichstes Wetter an diesem Tag! Während ich hektisch die Kaffeemaschine anschmiss und den für Notfälle eingefrorenen selbst gemachten Kuchen in den Backofen tat, versuchte ich meine Mitarbeiter zu erreichen. Eine hatte das Handy ausgestellt, die andere hatte Besuch, die dritte war mit dem Boot auf einem der vielen Seen unterwegs. Es war nichts zu machen, ich musste alleine da durch. Michael gab den Berlinern währenddessen die längste Haus-Lichtenhain-Führung seine Lebens. Etwas erschöpft kam die Gruppe nach einiger Zeit wieder zurück. Einige erzählten, sie seien ja sogar im Feld unterwegs gewesen, hätten etwas über die Landwirtschaft gelernt und besonders die Technik an der Mostmaschine sei »ausführlichst« erklärt worden … mein Mann habe das fantastisch gemacht! Ich warf ihm nur einen dankbaren Blick zu und bot ihm einen hart erarbeiteten und wohlverdienten Kaffee an. Die Gruppe hatte unterdessen nichts von der Panne mitbekommen. Fix und fertig schauten der Busfahrer, die Reisebegleitung und ich uns an, als die über 50 Menschen fröhlich Platz nahmen, als verliefe alles nach Plan. Danach versprach ich Michael, ihm in der kommenden Woche jeden Wunsch von den Augen abzulesen, um sein Sonntagserlebnis auszubügeln.

Schlüsselerlebnis

In einem so großen Haus wie Lichtenhain mit vielen Menschen, die hier aus und ein gehen, haben Schlüssel eine große Bedeutung. Nachdem ich verschiedentlich auf der Suche nach

Schlüsseln gewesen war und vieles ausprobiert hatte, wo sich Schlüssel am besten deponieren ließen, trug ich schließlich immer einen Generalschlüssel bei mir. Inzwischen habe ich es mir zur Gewohnheit gemacht, ihn morgens sozusagen gleich mit »anzuziehen«, als festes Ritual. Ich höre noch das Schlüsselklimpern meiner Mutter in meinen Ohren. Sie trug wochentags immer eine Schürze und in der Schürzentasche hatte sie einen riesigen Schlüsselbund. Das wollte ich nie – deshalb gibt es bei mir wenigstens nur einen Schlüssel für alles. Doch auch das kann seine Nachteile haben. Eines Tages machte ich eine Pause auf dem Sofa in meinem Zimmer. Irgendwann bemerkte ich, dass der Schlüssel weg war. Ich suchte und suchte und suchte ... Michael setzt sich in solchen Fällen erst einmal hin und rekonstruiert, wo er den Schlüssel zuletzt noch gehabt hat. Bei mir funktioniert das meist nicht und ich reagiere eher kopflos. Ich fing also an, alles durchzusehen und auszuräumen, was ich mir nur vorstellen konnte. Dann verbrachte ich eine schlaflose Nacht. Was, wenn ich den Generalschlüssel draußen verloren hatte und jemand würde ihn in der Nacht finden?! Na, besser nicht weiterdenken! Vor meinem inneren Auge sah ich schon alle Schlösser im Betrieb und im Privatbereich ausgewechselt, dazu die Mühe und vor allem die riesige Rechnung dazu. Am nächsten Tag bat ich Gott, meine Schritte zu leiten und meine Augen in die richtige Ecke zu lenken – und da fand ich den Schlüssel schließlich! Er war in ein kleines Kistchen gefallen gewesen, das ich in ein oberes Regal geräumt und beim Suchen nicht bemerkt hatte.

Klappe!

Einmal ertönte über Monate hinweg quälend lautes Hundegebell in Lichtenhain. Besonders, wenn wir viele Feriengäste im Haus hatten, durchzuckte es mich, wenn es sogar nachts wieder damit losging. Was konnten wir tun? Der Hund bellte tagein, tagaus oft stundenlang ohne Unterlass. Der Lärm drang auch bis in das Büro meines Mannes, der gerade mit einer äußerst kniffeligen Beratungsarbeit beschäftigt war – zwei Parteien hatten sich um ein paar Hektar Land komplett zerstritten. Solche Fälle übernimmt er gerne und das kann er auch gut: Streit schlichten. Speziell im landwirtschaftlichen Bereich ist er dafür deutschlandweit gefragt und ist ein Spezialist. Besonders familiengeführte Betrieben fragen ihn gerne um Rat und empfehlen ihn ohne viel Werbung weiter. Die Zeit drängte also und Anwälte, Steuerberater, die Bank, die beiden Streitparteien und ein weiterer Mediationskollege warteten auf diese eine zu berechnende Zahl als Basis für weitere Verhandlungen. Und dann das permanente Hundegebell! Unsere Nerven lagen blank. Ich suchte im Internet nach Rat zum Thema *Dauerbellen*. Wie manche Eltern übermäßig langes und lautes Schreien ihrer eigenen Kinder nicht störte, so störte manche Hundebesitzer wohl auch nicht das Dauerbellen ihres eigenen Hundes. Eines Tages – das Gebell war wieder unerträglich – sagte Michael zu mir: »Ich mache mal einen Spaziergang.« Dabei blieb er länger in der Nähe des »Bellgrundstücks« stehen. Kurz darauf kehrte Stille ein. Er erzählte mir später, dass er auf die Idee gekommen sei, an Ort und Stelle zu beten.

Nur eine Detailfrage?

Ach, ist das schön, wenn man vor dem Drucker sitzt und 300 Etiketten falsch durchrattern und die Gläser alle schon beklebt sind! Laut Vorgaben musste die Grammzahl in einer bestimmten Schriftgröße aufgedruckt werden. Das hatten wir bei unserem Apfelmus mit Aronia leider übersehen. Nun standen 300 köstlich schmeckende Gläser Apfelmus mit Aroniamus zu klein beschriftet in verschiedenen Läden in Berlin. Keinen scherte es, bis ein Mitarbeiter des Eichamtes vor unserer Tür stand, um unsere Waagen zu prüfen. In der Folge hatten wir viel Papierkram zu erledigen. Aber nun stehen wir mit dem Eichamt auf gutem Fuß und machen hoffentlich alles richtig. Ein Vermögen an Etiketten mussten wir wegen einer Kleinigkeit ändern. Ja, das Detail ist oft entscheidend!

Im Zusammenhang dieser Pannen-Episode musste ich an einen Vers aus dem »Hohelied« in der Bibel denken:

> »Fangt uns die Füchse, die kleinen Füchse, die die Weinberge verderben; denn unsere Weinberge haben Blüten bekommen.« (Hld 2,15)

Eine Kleinigkeit kann das große Ganze verändern und vielleicht sogar verderben. Deshalb ist es wichtig, auch auf Details zu achten. Das können falsch beschriftete Etiketten sein, aber auch kleine Sticheleien oder Streitereien, die die Atmosphäre vergiften. Unterlassung, Fehlverhalten und Schuld fangen oft klein an und wachsen sich dann immer weiter aus. Dafür war mir die »Winzigkeit« mit der falsch beschrifteten Grammzahl ein Beispiel.

Gebet um Bewahrung

Vor einiger Zeit besserte einer der Mitarbeiter meines Mannes Zäune aus und ein spitzer Draht sprang haarscharf an seinem Auge vorbei.

»Wer geht schon nackt aus dem Haus«, sagte eine Schwester anschließend. Sie meinte damit das Gebet um Schutz, bevor man in den Tag startet. Als ich Michael von dem Vorfall mit dem Beinaheunfall des Mitarbeiters berichtete, sagte er nur, nun wisse er, warum er morgens noch für den Mann gebetet hatte, als er über den Hof ging.

Im Laufe meines Lebens habe ich gelernt, wie wichtig es ist, um Bewahrung und Schutz zu beten. Einer meiner Lieblingspsalmen, der beschreibt, wie essenziell es ist, sich immer wieder unter Gottes Schutz zu stellen, ist Psalm 91:

> »Wer unter dem Schirm des Höchsten sitzt und unter dem Schatten des Allmächtigen bleibt, der spricht zu dem Herrn: Meine Zuversicht und meine Burg, mein Gott, auf den ich hoffe. Denn er errettet dich vom Strick des Jägers und von der verderblichen Pest. Er wird dich mit seinen Fittichen decken, und Zuflucht wirst du haben unter seinen Flügeln.« (Ps 91, 1-4)

Nicht immer fällt es mir leicht, es auch wirklich zu glauben, dass Gott mich schützen will. Doch ich habe es mir zur Angewohnheit gemacht, Bibeltexte wie diesen zu lesen und zu beten und Gott zu vertrauen.

Ein anderer wichtiger Text, den ich gerne lese, kommt aus dem Epheserbrief (6,10-20): Hier geht es um die »geistliche Waffenrüstung«, die wir anziehen sollen und die uns Schutz gibt – zuallererst ist es das Wort Gottes. Jeden Morgen, nachdem ich mir Zeit genommen habe, in der Bibel zu lesen und zu beten, mache ich mir die Verse aus dem Epheserbrief zu eigen und kleide mich im übertragenen Sinn in diese geistliche Waffenrüstung. So bin ich »gut gerüstet« für den neuen Tag.

Vielleicht haben Sie auch Lieblings-Bibelverse, die Sie in Notsituationen parat haben, oder vorformulierte Gebete z. B. aus dem Gesangbuch, die Sie lesen und beten und an denen Sie sich festhalten können?!

Jesus, unser Schutz

Die Farbe Rot ist sehr schön und bedeutsam. Zur Weihnachtszeit ist unsere Haustür rot-weiß umrahmt und von vielen Lämpchen erleuchtet. Diese Dekoration lasse ich bis in den Februar hinein am Eingang hängen als einen Kontrapunkt gegen die Dunkelheit. Als ich mir die Dekoration überlegt habe, musste ich an die Erzählung aus der Bibel denken, in der das Volk Israel das Blut eines Lammes an die Türpfosten gestrichen hat zum Schutz vor dem Todesengel. Dieses Ereignis bildete den Grund für das erste Passafest des Volkes (2. Mose 12).

Als Christen glauben wir: Durch seinen eigenen Tod und die anschließende Auferstehung hat Jesus die Macht des Todes und des Bösen besiegt für uns alle. Wenn wir daran glauben und aus der Beziehung mit Christus leben, stellen wir uns unter den Schutz seines Blutes und können ihn vertrauensvoll um alles bitten:

> »Wenn ihr in mir bleibt und meine Worte in euch bleiben, werdet ihr bitten, was ihr wollt, und es wird euch widerfahren.« (Joh 15,7)

Wenn ich mich unter göttlichen Schutz begebe, stelle ich mir oft vor (und weiß es auch), dass Engel mich umringen. Was will ich mehr? Danken Sie Gott abends vor dem Schlafengehen für die Engel um Ihr Bett, die Sie beschützen bis in Ihre Träume hinein!

Wenn Sie sich vielleicht einsam und ungeborgen fühlen, dürfen Sie sich die Worte aus Psalm 68,6 zu eigen machen, wo es heißt:

> »Ein Vater der Waisen und ein Helfer der Witwen ist Gott in seiner heiligen Wohnung.«

Erwarten Sie, dass Gott, dass Christus sich um Sie kümmert und dass Sie seine Stimme hören werden. Strecken Sie sich nach Gott aus. »Naht euch zu Gott, so naht er sich zu euch«, heißt es in der Bibel (Jak 4,8). Das ist ein Geheimnis Gottes. Sie dürfen sicher sein: In all dem, was schiefgeht oder was gegen Sie steht, möchte Gott an Ihrer Seite sein und für Sie eintreten. Wenn es schwierig und heikel wird, sehen Sie nicht auf die Probleme, sondern auf Gott:

»Ihr sollt euch nicht fürchten und nicht verzagen […]; denn nicht ihr kämpft, sondern Gott.« (2. Chr 20,15)

Vielleicht versuchen Sie sich auch bildlich vorzustellen, wie Gott Sie sicher in seiner Hand hält. Er will unser *guter Hirte* sein, wie es die Bibel an vielen Stellen beschreibt, und wir dürfen uns wie Schafe in der guten Obhut des Hirten sicher fühlen.

Kapitel 4

Prioritäten setzen

Umgekippt

Für das Jahr 2015 hatten wir unser erstes »Apfelblütenfest« geplant. Doch wie gestaltet man solch ein Fest? Was erwarten die Menschen? Wie schaffen wir das alles? Ich hatte so etwas noch nie zuvor gemacht. Aber der Termin stand fest, die Plakate waren gedruckt und der ungefähre Ablauf erstellt – was man sich halt so ausdenkt, bevor alles Realität werden muss.

Etwas übermüdet und ohne Frühstück fuhr ich in den Tagen vor dem Fest mit einer langen Liste zum Großmarkt. Dort verlor ich meine Brille, die ich eigentlich zum Autofahren brauche, kam aber doch noch gut nach Hause. Allerdings fühlte ich mich ein wenig schwindelig und ich wusste, dass ich nun bald etwas essen müsste. *Bloß noch schnell eine Kiste aus dem Auto laden, dann ist es gut,* dachte ich. Das war das Letzte, woran ich mich erinnern kann. Ich kippte um und schlug mit dem Hinterkopf auf den Stufen vor dem Lieferanteneingang auf. Ich muss dort einige Zeit gelegen haben, bis zwei Mitarbeiterinnen kamen und mich fanden. Wären sie nicht eine Stunde früher da gewesen als verabredet, wäre ich möglicherweise verblutet. Mein Mann, der zu dem Zeitpunkt oben in seinem Büro saß, wähnte mich noch auf Einkaufstour. Mit einem lauten Schrei holten ihn meine Mitarbeiterinnen. Meine Kopfhaut war durch den Aufprall aufgeplatzt und ich wurde öffentlichkeitswirksam mit einem Hubschrauber nach Berlin transportiert, wo ich wieder zusammengeflickt wurde. Es war für mich wie ein Warnschuss. Bis dahin dachte ich wohl, ich hätte Kräfte wie Pippi Langstrumpf und Silvester Stallone zusammen. Doch nun musste ich erkennen, dass ich mir einfach zu viel zugemutet hatte, auch wenn ich im Allgemeinen sehr belastbar bin. Dafür bin ich unendlich dankbar und ich weiß, dass meine Kraft von Gott kommt. Aber je älter ich werde, desto deutlicher spüre ich auch, dass ich nicht mehr alles so kann wie früher und Prioritäten setzen muss. Dann ermutigt mich ein Vers aus der Bibel, in dem es heißt:

> »Lass dir an meiner Gnade genügen; denn meine Kraft ist in den Schwachen mächtig.« (2 Kor 12,9)

Mit dem Apfelblütenfest wurde dann doch noch alles gut: Meine Schwester und meine Schwägerin, meine Nichten und Neffen kamen und halfen uns, die Feierlichkeiten auszurichten.

Die Stufen, auf die ich in den Tagen vor dem Fest gestürzt war, gehe ich heute noch jeden Tag mehrmals hinauf und hinab. Einmal sagte mir ein junger Mann, der uns im Winter Pakete auslieferte: »Sie werden es nicht glauben, aber bei der Glätte wäre ich hier beinahe mit einer schweren Lieferung schlimm gestürzt«. – »Na, dann bete ich für Sie um Schutz und Bewahrung«, antwortete ich ihm. »Gott mit Ihnen!« Nachdenklich verließ der junge Mann den Hof.

Michael und das Hornersche Syndrom

Wir sind auf einer Konferenz in Parchim und ich sehe Michael noch auf einem Stuhl sitzend, wie er sich in verdrehter Haltung, den Hals überdehnt, mit seinem Hintermann angeregt unterhält. Einige Zeit später klagt er über Kopfschmerzen, zwischendurch wird es besser, aber immer wieder tauchen heftige Schmerzen auf. Wir schieben es auf den Stress und fahren in den Urlaub. Der Inselarzt gibt uns eine komplett falsche Diagnose, mit der wir einige Wochen »herumdoktern«. Inzwischen ist es März und meine Lese- und Vortragsreise startet. An den verschiedenen Orten kommen insgesamt ungefähr 3.000 Frauen zusammen und freuen sich auf die Vorträge. Im Nachhinein denke ich, dass ich die Lesereise hätte absagen sollen. Ich habe im Vorfeld zu wenig hingehört und zu wenig auf mein Gefühl vertraut. So aber ziehe ich die Lesereise durch und erhalte unterdessen von Michael aus Lichtenhain nur gute Nachrichten und keine Klagen mehr über Kopfschmerzen. Dann – ich bin gerade auf der vorletzten Station im Diakonissenhaus in Lemförde angekommen – erreicht mich plötzlich die Nachricht, Michael sei im Krankenhaus. Es stellte sich heraus, dass sein Leben wochenlang buchstäblich am seidenen Faden gehangen hatte! Mir war, als bliebe die Zeit stehen. Was war geschehen? Durch eine Verletzung hatte sich ein Riss in Michaels Halsschlagader gebildet, was zum Hornerschen Syndrom führte.

Ich will sofort alles stehen und liegen lassen und die Nacht durchfahren, aber Michaels wie immer beruhigende Stimme meint nur, ich könne jetzt sowieso nichts tun, er sei in guter Behandlung. Den Vortragsabend überstehe ich nur mithilfe von Gebeten der Diakonissen und kann danach so schnell wie möglich nach Hause. Michael wurde Gott sei Dank wieder gesund: Noch einige Male waren wir zur Nachuntersuchung in der Charité in Berlin, aber es ist alles geheilt.

Was ist wirklich wichtig?

Michaels plötzliche Erkrankung war für uns ein erneuter Warnschuss und wir merkten: Das Leben ist so kostbar und so fragil. Wir verstanden: Unser beiderseitiges hohes »Unternehmertempo« und unser Wille, sehr hart zu arbeiten – das konnte so nicht weitergehen, aber das musste es ja auch nicht. Wozu unbedingt mit dem Kopf durch die Wand wollen? Wir lernten mühsam, dass es eine Balance zwischen Arbeit und Ruhe gibt. Es fällt einem Unternehmer schwer auszuruhen und nicht die Ruhe gleich auch wieder »instrumentalisieren« zu wollen. Oft fordert es eine bewusste Entscheidung, die Ablenkungen auszuschalten und sich auf das zu konzentrieren, was Priorität hat und wirklich wichtig ist. So mussten wir in den letzten Jahren oft »Nein« sagen zu Menschen, die unangemeldet vor der Tür standen oder uns ein Gespräch aufdrängen und unsere Zeit beanspruchen wollten. Michael und ich mussten unsere Tage besser miteinander absprechen und gemeinsam entscheiden, was wirklich wichtig ist.

Ja, was ist wirklich wichtig im Hinblick auf die Ewigkeit? Diese Frage kam mir immer öfter, besonders, nachdem Michael und ich schwere Unfälle bzw. Krankheiten überstanden hatten.

Es ist nicht alles machbar und es ist auch nicht alles nötig. Doch es fiel uns nicht leicht, diese Erkenntnis umzusetzen. Wenn es z. B. nach mir gegangen wäre, hätte ich die 28 Stiefmütterchenfenster an unserem Haus jedes Jahr drei geschlagene Tage lang »überdekoriert«, um alles noch schöner zu machen. Und für Michael sind manche bauliche Unzulänglichkeiten an Gut Lichtenhain nach so vielen Jahren kaum mehr erträglich. Aber wir haben beschlossen: Wenn wir dann mal im Garten sitzen und zur Ruhe kommen, schauen wir nicht auf das, was noch nicht gemacht ist, sondern auf das, was wir schon geschafft haben. »Alles ist Stückwerk« – an diesen Satz, der seinen Ursprung in der Bibel hat, muss ich oft denken.

Manchmal gehen wir auf dem Friedhof spazieren. Wir haben die Pflege von einigen Gräbern übernommen, in denen liebe Menschen bestattet sind. An den Urnengräbern ist eine Tafel mit einer langen Liste von Namen angebracht. In den nunmehr 26 Jahren, die wir hier leben, haben wir all diese Menschen kennengelernt.

Vor einiger Zeit starb eine Frau im Alter von 45 Jahren. Sie war verheiratet und hinterließ drei Kinder. Ein Schreck durchfuhr uns, als wir die Nachricht ihres Todes hörten. Was? So früh – wie kann das denn sein? Und wir verstanden wieder einmal: Kein Tag ist gewiss. Aber gewiss ist, dass unser Leben bei Gott gut aufgehoben ist – jetzt und auch in der Ewigkeit. Und wir dürfen wissen: Jesus Christus kommt eines Tages wieder. Wenn wir so leben, ordnen sich die Prioritäten noch mal ganz anders.

»Was wollen Sie denn *noch*?« – Ziele

Diese Frage, die Michael und mir einmal in einer speziellen Gesprächssituation kritisch entgegengeworfen wurde, kann man auch umlenken in eine positive: *Was will ich noch? Was möchte ich noch mit der Zeit anfangen, die mir gegeben ist?* Je mehr die Zeit vergeht und je älter wir werden, desto besser will ich Prioritäten für unser Leben setzen, sofern es in meiner Macht steht.

»Was machen wir hier eigentlich?«, fragte ich mich, als wir vor einigen Jahren aus einem Urlaub zurückkehrten. Plötzlich erschien es mir so klein, unwichtig und sinnlos. Was wollen wir erreichen? In dem Fernsehklassiker für Kinder, der »Sesamstraße«, gab es immer dieses Lied: »Wer, wie, was? Wieso, weshalb, warum? Wer nicht fragt, bleibt dumm.« In diesem Sinne bitte ich Gott oft um Weisheit, wie wir die uns noch verbleibende Zeit gestalten und welche Ziele wir uns setzen sollen.

Meine Ziele können kleinerer oder auch größerer Art sein. Ein Tagesziel wäre es z. B. für mich, zwanzig Bleche Arnim-Thaler zu backen. Oft breche ich Pläne auch noch weiter herunter: Zum Beispiel 20 Minuten Telefonate führen, 20 Minuten ordnen, 20 Minuten Laden aufräumen oder auch mal 20 Minuten in die Ferne schauen. Aber ich stecke mir auch Ziele, die weiter in die Zukunft reichen: Was ist das Wochenziel, Monatsziel, Jahresziel, mein Fünfjahresplan? Doch bei all meinen Wünschen und Plänen mache ich mir den Satz bewusst, den Jesus einmal gebetet hat: »… nicht mein, sondern dein Wille geschehe!« (Lk 22,42). Gottes Willen für mein Leben herauszufinden, das ist für mich alles entscheidend. Wenn ich die Beziehung mit Gott bewusster gestalte und auf ihn höre, hilft mir das. Dann spüre ich mitten im Alltag ein Sehnen, dies oder jenes machen zu müssen. Ein Drängen, aus dem Tagesplan auszuscheren. Auf Gottes leise, zarte Stimme zu hören, die mir z. B. sagt, ich solle diesen oder jenen Menschen anrufen oder besuchen.

Hundert-Mitarbeiter-Träume *oder*: Wozu bin ich berufen?

Als Michael und ich nach Lichtenhain kamen, wurde unser beider Leben komplett auf den Kopf gestellt. Es war, als ob wir einen »Reset«-Knopf gedrückt hätten. Wir hatten plötzlich keine gewachsenen Beziehungen mehr und mussten vor Ort alles neu finden – vom Schuster über den Friseur oder Handwerker bis hin zum Geschäftspartner und nicht zuletzt auch Freunde! Zu Beginn unserer Ehe war unser Leben sehr geregelt gewesen: fünf Tage die Woche in unseren Angestelltenjobs arbeiten, dann Wochenende und wieder von vorne beginnen, unterbrochen vom Urlaub.

Im Umfeld von Lichtenhain sah ich dann zum ersten Mal in meinem Leben mehr Not, als es zuvor an unserem Wohnort in Helmstedt der Fall gewesen war. Zu gerne wollte ich dieser Not begegnen und sie lindern und hatte schon in Gedanken die Vision einer großen Firma. Doch ich musste schweren Herzens nach einigen Anläufen lernen, dass ich für das große Geschäft nicht berufen war. Allein mit harter Arbeit war es nicht zu schaffen. Es gibt eben Menschen, die ein Weltunternehmen geschaffen haben mit der Idee, Schokolade quadratisch zu gießen. Oder die aus der Idee, Löschpapier zum Filtern zu verwenden, schließlich eine riesige Kaffeefilterfirma gegründet haben. Oder die mit zwei Sack Zucker ein Gummibärchenimperium aufgebaut haben. Warum mir das so mit dem Apfel nicht gelungen ist, werde ich vielleicht einmal im Himmel erfahren. In Spitzenzeiten beschäftigte ich immerhin zwölf Mitarbeiter, viele davon waren über lange Jahre Teil unseres Teams. Ich bin zufrieden, dass wir bisher so gut durchgehalten haben.

Eine meiner Freundinnen ist Finanzchefin in riesigen Konzernen. Sie fliegt überall in der Welt herum, verhandelt mit Politikern und bewegt Millionen. Jedes Mal, wenn sie einen Vertrag gut zum Abschluss bringen konnte, freut sie sich, denn sie erlebt das als Gabe Gottes und als ihre Berufung. Für mich wäre ihre Arbeit nichts, aber ich habe eben auch andere Gaben und eine andere Berufung und muss folglich auch andere Prioritäten setzen.

In unserer Gesellschaft wird man meist als erfolgreich angesehen, wenn man eine große Firma aufgebaut hat. Ich freue mich, dass Gott uns nach anderen Maßstäben beurteilt. Jesus hat es auf den Punkt gebracht: »Welchen Nutzen hat ein Mensch davon, wenn er die gesamte Welt sein Eigen nennen kann, aber dafür sich selbst verliert?« (Mt 16,26).

Ich möchte mich danach richten, was meine Talente sind und welche spezifische Berufung Gott mir gegeben hat. Und ich erlebe, dass er mich in Lichtenhain und in meinem Unternehmen an genau den richtigen Platz gestellt hat. So harre ich auf Gott. Ich bitte, ich klopfe an und Gott öffnet mir, ich suche und werde finden, bin beharrlich im Gebet, höre Gottes Stimme, bin ein Täter des Wortes und offen für die Führung des Heiligen Geistes, wachse in Gott und bete um Weisheit.

Trotzdem träumen und Gott vertrauen

Ich möchte weiter groß träumen und dabei Gott vertrauen. Unternehmensberater sagen mir oft, nur einkommensproduzierende Aktivitäten brächten etwas. Ich solle nicht »an Gänseblümchen rumzupfen«, sondern z. B. lieber meine Kunden anrufen. Von Gott höre ich: »Frage doch bitte *mich* um Weisheit, was du als Nächstes tun sollst!«

In den Psalmen lese ich: »Gott sei uns gnädig und segne uns, er lasse uns sein Antlitz leuchten …« (Ps 67,2). Das will ich gerne verinnerlichen: Ich stelle mir vor, wie er segnet und wie er heilt, und erlebe, dass es auch in meinem Leben geschieht. Ich möchte mich auf das Gute und die Erfolge konzentrieren, nicht auf das Schlechte und die Misserfolge. Das menschliche Gehirn ist offenbar so angelegt, dass schlechte Nachrichten eher hängen bleiben als gute Nachrichten. Natürlich darf man die Augen nicht vor der Realität verschließen. Aber ich möchte mich auf das Gute konzentrieren und sagen: »Heute mache ich das Allerbeste aus diesem Tag und feiere das Leben!« Ein Beispiel: Vor einiger Zeit haben wir unseren Transporter kurzerhand zu einem Picknickraum umfunktioniert, sind dann mit Freunden an einen See gefahren und haben zu viert hinten im Bus ein Picknick vom Feinsten gemacht. Dazu ein Spaziergang. Wir reden immer noch davon ...

Ich bin überzeugt: Verinnerliche ich das Bild von einem gnädigen und segnenden Gott, erfahre ich diese Gnade auch im Alltag. Unverdient. So sind meine »Apfelgeschäftszahlen« im Jahr 2020 besser gewesen als im Jahr davor, obwohl wegen der Pandemie alle Busgruppen (oft hatten wir zwei davon am Tag) gestrichen wurden.

Es gibt ein wunderschönes altes Lied, das von diesem Vertrauen auf Gottes Gnade und Segen spricht. Es heißt »Die ihr bei Jesus bleibet« und wurde von Philipp Friedrich Hiller (1699–1769) verfasst. In der vierten Strophe heißt es:

Doch wenn wir mit Vertrauen
Ihm auf die Hände schauen,
so nähret allerwegen
uns ein geheimer Segen.

Ordnung schafft Platz *oder:* Im Kleinen treu sein

Wir leben in einer Zeit extremer Ablenkungen, die während der Corona-Epidemie eine Zeit lang eine gewisse Ein-

Haus Lichtenhain

Hofladen und Apfel-Café

Apfelblüte in der Uckermark

Apfelblütenfest Haus Lichtenhain

Apfelblütenfest – Eingang zum Hofladen

Frühlingsidylle – der alte Kastanienbaum
und Tulpenbeet neben dem Haus

Lieblingsplatz – die Rundbank unter der Kastanie

Atempause – auf der Rundbank

Ahnengalerie – Familienmitglieder und die ihnen zu Ehren benannten Arnim-Thaler

Lieblingserbstück – der Sessel von Daisys Vater

Augsburg – Messestand von Haus Lichtenhain

Daisy präsentiert kleine Köstlichkeiten
aus eigener Produktion

Mitarbeiter von Haus Lichtenhain (rechts: Steffi)

Maria, ehemalige Mitarbeiterin

Im Ladenprojekt in Warnemünde

Daisys Uhrensammlung im Haus Lichtenhain

Kreativprojekt – Ausstellung der Entwürfe für ein Seidentuch

Das Ergebnis: ein exklusives Apfelgräfin-Seidentuch

Daisys Laufstrecke im Park von Haus Lichtenhain

Weiter Horizont – Wildblumenwiese in der Umgebung von Haus Lichtenhain

Schöne Aussicht – die von Michael für Daisy angelegten Rosenbüsche

Natürliche Schönheit

Ein Ort für Genießer – im Apfel-Café

Naturnah – Außenterasse des Apfel-Cafés

Arbeitstag – Was steht heute auf der Liste?

Bei der Herstellung von
Haus-Lichtenhain-Gebäck

Die Schokoladenmaschine

Schockolierte Apfeldukaten entstehen

Der Dörrautomat mit Apfelchips

Suckowsee nahe Haus Lichtenhain

Im Boitzenburger Land

See bei Templin

Prenzlau am Unteruckersee

dämmung erfahren haben. Das habe ich als eine fantastische Möglichkeit erlebt, die Prioritäten im Leben neu zu ordnen, z. B. auch Dinge auszusortieren und aufzuräumen. Äußere Ordnung ist eine wundervolle Grundlage für innere »Aufgeräumtheit« und Frieden. Ein gemachtes Bett im gelüfteten Schlafzimmer und ordentlich sortierte Schränke ermöglichen eine gute Nachtruhe. Als wir unseren großen Stall ausräumten, hatten wir auf einmal sehr viel Platz. Auch Platz für neue Visionen!

Ich denke an einen Satz aus der Bibel: »Denn Gott ist nicht ein Gott der Unordnung, sondern des Friedens.« (1. Kor 14,33) Das gilt nicht nur für das Leben in Kirche und Gemeinde, sondern auch für mein ganz persönliches Leben.

Ordnung in jeder Hinsicht ist zu einer meiner Lebensprioritäten geworden. Der bekannte amerikanische Admiral Bill McRaven vertritt die Ansicht: »Wenn du die Welt verändern willst, beginne damit, dein Bett zu machen.« Dahinter steckt ein tieferer Sinn: So, wie man mit kleineren, scheinbar unbedeutenden Dingen umgeht, so geht man auch größere Dinge an. Die »kleinen« Schritte motivieren zum nächsten größeren Schritt und führen letztlich dazu, dass man Großes vollbringen kann. So habe ich es mir zur Angewohnheit gemacht, auch in kleinen Dingen treu zu sein und sie nicht auf die anderen abzuwälzen: Die leere Zuckerdose aufzufüllen; die WC-Papier-Rolle auszuwechseln; der Kundin, deren Paket nicht angekommen ist, sofort eine Entschuldigung zu schreiben … So kann ich aufgeräumt zu neuen Zielen starten.

Es sind nicht unbedingt die großen Schritte, die mir zu Größerem verhelfen, sondern jeder einzelne kleine Schritt. Manchmal bedarf es dafür der Hilfe von anderen Menschen oder auch nur ihrer Gegenwart.

Prioritäten in meinem Leben sind auch die kleinen Taten und Liebesbeweise, die ich mir ausdenke. Für meinen Mann, die Mitglieder meiner Gemeinde und andere. Heute habe ich z. B. wieder einmal Brote gebacken, die ich bei der nächsten Fahrt in die Stadt anderen mitbringe. Das sind scheinbar kleine Dinge, die aber das Leben lebenswert und sinnvoll machen.

Achtsam und liebevoll miteinander umgehen

Michael fehlen schon seit Langem an der rechten Hand der Daumen und zwei Finger. Er hat sie in seiner Lehre durch die Kreissäge verloren. Durch die Warnschüsse so mancher Unfälle und Krankheiten sind wir beide so viel dankbarer für unsere Gesundheit geworden und auch behutsamer. Wir gehen achtsamer miteinander um und versuchen, dem anderen zu dienen, wo es nur geht.

Im Buch der Sprüche Salomos heißt es von der Frau: »Sie tut ihm Liebes und kein Leid ihr Leben lang.« (Spr 31,12)

Und an die Männer wendet sich Paulus im Brief an die Epheser: »Ihr Männer, liebt eure Frauen, wie auch Christus die Gemeinde geliebt hat und hat sich selbst für sie dahingegeben.« (Eph 5,25)

Schön, nicht wahr? Tun wir das doch! Sobald eine Unstimmigkeit zwischen Michael und mir aufzukommen droht, sagt einer von uns: »Ich streite mich nicht!« Lieber suchen wir den gemeinsamen Nenner in dieser Situation und lernen, miteinander zu beten.

Es heißt, dass die älteren Frauen die jüngeren ermutigen sollen, ihre Männer zu lieben. Wenn mir also mal wieder eine jüngere Frau von ihrem Beziehungsstress berichtet, stelle ich oft eine Frage: »Habt ihr denn vorher miteinander gesprochen und wart euch einig bezüglich des einen oder anderen Anliegens?« Wenn ich dann von meiner Gesprächspartnerin höre »*Ich* wollte das oder jenes«, dann weiß ich, dass es offenbar an guter Kommunikation und an Absprachen gemangelt hat.

Wenn ich vor Frauengruppen spreche, komme ich oft ins Schwärmen und sage: »Ich habe den besten Ehemann aller Zeiten! Er bringt mir morgens einen Tee ans Bett, er putzt mein Auto und meine Schuhe, er hört mir immer zu, er sagt mir zehnmal am Tag, dass er mich liebt, er sieht fantastisch aus!« Dann geht meist ein Raunen durch den Saal. Und ich fahre fort: »Wissen Sie, ich fokussiere mich auf die Stärken meines Mannes, nicht auf seine Schwächen. Und er hat wirklich viele Stärken! Ich lobe ihn sehr oft. Und meine Wertschätzung weckt all das Potenzial, das in ihm steckt.« Erstauntes Schweigen. Ja, meinen Mann wertschätzend zu behandeln – auch das ist eine meiner Prioritäten.

Investieren in Menschen und Projekte

Michael ist es wichtiger denn je geworden, in andere Menschen zu investieren. Er ist ein gefragter Ratgeber für so viele. Auch der Baufortschritt in unserer Gemeinde beschäftigt ihn sehr und er ist aktiv beteiligt. Das Äußere soll immer einladender für Gäste werden, natürlich auch das Innenleben unserer Gemeinde. Wir bitten Gott, dass er die vielen hübschen Dörfer neu belebt, den Menschen dort Hoffnung schenkt und dass kleine und große Unternehmen und Arbeitsplätze entstehen. Vor Jahren galt die Uckermark als grau und die Arbeitslosenzahlen waren die höchsten im Land. Dagegen »boomt« die Uckermark mittlerweile förmlich, zumindest für unsere Verhältnisse. Es gilt als schick, ein Wochenendhaus in der Uckermark zu besitzen, und wir haben sogar Anfragen aus München! Kleine neue Geschäfte entstehen und sehr viele innovative Uckermark-Produkte. Das ist wunderbar!

Kapitel 5

Beziehungs-Weise

Einander bereichern

Was wäre Haus Lichtenhain ohne all die treuen Freunde und Gäste, die uns hier besuchen kommen, um Neuerungen zu bewundern oder endlich einmal das »Original« zu sehen, von dem ich in meinen Büchern immer wieder schreibe. Und dann ist da natürlich mein Mann, der alle meine Visionen auch nach so vielen Jahren immer noch begleitet, bei der Umsetzung hilft und mit einer Weste mit Haus-Lichtenhain-Logo überall herumläuft. Und tatsächlich ist auch ständig irgendetwas zu reparieren und wir brauchen technische Hilfe von ihm oder seinen Mitarbeitern. Als Erstes wird von ihm der Apfelbetrieb bedacht, dann kommt alles andere.

Beziehungen sind wichtig. Man muss in sie investieren, sie fallen einem nicht einfach zu. Das heißt z. B., dass man immer wieder auch der oder die Gebende, Zuhörende, Liebende, Mitfühlende sein sollte. Wie wichtig Beziehungen zu allen Altersgruppen sind, lernen wir in der normalen Familie und in der »Gemeindefamilie«, wo hoffentlich auch alle Altersgruppen vertreten sind. So kann mir der junge Computerfreak mit meinem Laptop oder Handy helfen und ich kann wiederum jungen Frauen helfen, ihre Männer zu lieben. Mein Horizont wird jedes Mal erweitert, wenn ich mit einem Kind spiele oder aber einer 90-Jährigen zuhöre. Von der Fröhlichkeit und der Durchsetzungskraft eines Dreijährigen kann ich lernen: Er weiß genau, wo ich in meinem Korb die Süßigkeiten versteckt habe, und gibt nicht auf, bis er am Ziel ist! Das finde ich nachahmenswert, besonders, wenn es um die Themen »Ziele verfolgen« und »Dranbleiben« geht. Wann immer ich kann, genieße ich auch Zeiten mit Hochbetagten, von deren Weisheit, Geduld und Angstfreiheit ich viel lernen kann – wer den Krieg erlebt hat, fürchtet so schnell nichts.

Beziehungen festigen

Gerade in Krisenzeiten gilt es, Beziehungen zu festigen. Wir haben uns Folgendes zur Gewohnheit gemacht, das einen kleinen Beitrag dazu leistet: Wann immer wir auf der Autobahn unterwegs sind und auf den Schildern ein Ort auftaucht, an dem Freunde oder Bekannte wohnen, telefonieren wir zumindest. Und wann immer ich ganz intensiv an jemanden denken muss, rufe ich an. Wenn das nicht geht, bete ich auf jeden Fall für die betreffende Person. Und manchmal passiert es dann sogar, dass dieser Mensch von sich aus anruft – als ob er gespürt hätte, dass ich an ihn denke … Ich möchte lernen, viel mehr auf die sanfte Stimme Gottes in mir zu achten, die mich drängt, an andere zu denken und Beziehungen zu pflegen. Manchmal tragen auch Krisenzeiten dazu bei, dass wir den Wert von Beziehungen neu schätzen lernen: Durch die kontaktarme Zeit während der Corona-Pandemie sind uns die Menschen vor Ort wichtiger geworden und wir konnten unsere beiden 60. Geburtstage wenigstens im kleinsten Kreis feiern. In Buch der Sprüche heißt es dazu ganz treffend:

> »Ein Nachbar in der Nähe ist besser als ein Bruder in der Ferne.« (Spr 27,10)

Raum für die unterschiedlichsten Besucher

Manchmal wünsche ich mir, ich hätte in Lichtenhain während der vergangenen 25 Jahre ein Gästebuch geführt – bis hin zu jedem Handwerker, der uns geholfen hat, aus diesem ursprünglich recht reparaturbedürftigen Haus ein Schmuckstück zu machen. Das ist nicht selbstverständlich, dass wir durch die Mithilfe vieler Menschen Haus Lichtenhain erhalten konnten. Das wurde mir neu deutlich, als in Prenzlau vor einigen Jahren das historische Gutshaus Alexanderhof abgerissen wurde – da blutete Michael und mir das Herz. So ergeht es leider noch so manchem anderen Haus, das ähnlich ist wie unseres.

Dabei ist so ein historisches Haus doch etwas ganz Besonderes und sollte nach Möglichkeit erhalten werden. An Haus Lichtenhain z. B. lieben es die Kinder unserer Besucher, im Winter durch die Flure zu rennen und auf die Dachböden zu steigen und alles zu erkunden. Einmal hatte Michael ein Geschäftsgespräch, zu dem der Berufskollege seine fünf Kinder mitbrachte, sozusagen als besondere Unternehmung. Ich hatte mich bereiterklärt, die Kinder während des Gespräches zu betreuen. Aber was sollte ich bloß mit ihnen machen? Ich schlug ihnen vor, durch jede Tür und in jedes Zimmer zu gehen und in jede Schublade zu schauen – erst im Haus und dann in der Scheune und dann im Betrieb. Ein begeistertes fünfstimmiges »Ja!« folgte. Wir waren gut beschäftigt. Die Männer mussten uns dann sogar noch suchen gehen, dabei waren wir mit unserer Erkundungstour noch lange nicht fertig geworden. Während unserer »Expedition« öffnete ich eine Tür, die ich tatsächlich selbst noch nie geöffnet hatte … und was verbarg sich dahinter? Ein herrlicher kleiner, sehr geheimnisvoller Keller, der leider nicht erzählen konnte, was er schon alles erlebt hatte. Wenn er eines Tages renoviert ist, werde ich ihn sicher gut nutzen können.

Im Laufe unserer Jahre hier habe ich viele Menschen kennengelernt, die gerne bei uns in Lichtenhain waren und die auch immer gerne wiederkommen. Vor einiger Zeit beherbergten wir z. B. eine Schriftstellerin, die sich komplett einigelte, um ihr Buch zu schreiben. Alle drei Tage stellte ich dann mal was vor die Tür, um zu prüfen, ob sie noch lebt und nicht etwa von den Wölfen verspeist wurde (ja – Wölfe haben wir tatsächlich hier). Ich habe ihr gesagt, dass ich für sie bete, damit sie gut schreiben kann. Und mit einer ausladenden Geste antwortete sie, sie spüre das.

Oft, besonders im Sommer, muss ich unvorhergesehene Unterbrechungen in meinen Tagesablauf einkalkulieren. Kunden fahren schon mal am Autobahndreieck Kreuz Uckermark ab und in Richtung Lichtenhain in der Hoffnung, mich anzutreffen. Und ich hoffe, dann nicht gerade meine Arbeitskleidung zu tragen und wirklich ein wenig Zeit zu haben. Denn der obligatorische Abschluss jeder Begegnung endet mit der Frage: »Können wir noch ein gemeinsames Foto machen?« Und da will man natürlich möglichst frisch und gut aussehen …

Zeit für kostbare Begegnungen

Für viele gehört ein Besuch inzwischen zum jährlichen Ritual: Sie freuen sich zu sehen, wie es bei uns weitergeht, entdecken Neues und lieben das Vertraute. Und auch ich kann am Ergehen meiner Gäste Anteil nehmen: Im Laufe der Jahre erlebe ich ganze Familiengeschichten und Schicksale mit. Oft darf ich für einzelne meiner Besucher beten, wenn sich während des Gesprächs ein Anliegen herauskristallisiert hat. So war einmal ein Ehepaar hier, die um eine Führung baten. Die Ehefrau wollte unbedingt Haus Lichtenhain kennenlernen. Und irgendetwas sagte mir: »Hier musst du dir ganz besonders viel Mühe machen und Zeit nehmen!« Die Frau, ungefähr in meinem Alter, war zart, fast durchscheinend. Ich dachte mir zunächst nichts dabei. Nach der schönen, fröhlichen, ausführlichen Führung ergab sich noch ein Gespräch und es stellte sich heraus, dass die Frau todkrank war. Krebs. Wir suchten einen ruhigen Ort, an dem ich für sie beten konnte. Zum Schluss gab ich dem Ehepaar noch etwas christliche Literatur mit – was konnte ich auch sonst tun? Einige Monate später kam die herzerweichende Todesanzeige. Wie unendlich gut war es da für mich zu wissen, dass ich diese besonders nette Mutter von vielen Kindern im Himmel wiedersehen werde und dass es ihr jetzt so viel besser geht. Und trotzdem war es gut zu beten und sich die Zeit dafür zu nehmen. Was bin ich froh, dass meine Mitarbeiter mich in solchen Situationen freistellen und dass ich meinem inneren Eindruck gefolgt war, eine richtig gute Führung zu machen.

Modedesign in Lichtenhain

Unvergesslich schön war der Besuch der Modeschule Metzingen in Lichtenhain. Alle verfügbaren Betten in den Ferienwohnungen wurden belegt von den angehenden Modedesignerinnen und ihren Lehrerinnen. Im Verlauf dieser Woche sollten Entwürfe für ein schönes Lichtenhainer Seidentuch entstehen, das den Apfel zum Motiv haben sollte. Wie war es dazu gekommen? Durch Beziehungen! Unser Onkel aus Metzingen, wohlvertraut mit der Modebranche, hatte Kontakte zu der Leiterin der Schule geknüpft, die sofort von der Idee begeistert gewesen war.

Mit den jungen Frauen kam so für eine Woche frischer Wind nach Lichtenhain – darüber freuten sich nicht nur Michael und ich, sondern auch der gut aussehende junge Mann, der zu dieser Zeit ein landwirtschaftliches Jahr bei unserem Nachbarbetrieb absolvierte und bei uns wohnte. Nach so viel Land, Trecker, Acker und Kühen war nun der Besuch der Modedesignerinnen eine schöne Abwechslung – für alle Beteiligten. Das wurde besonders spürbar, als wir mit den jungen Frauen zusammen im Apfel-Café saßen. In dem Moment, als der junge Mann mit einem breiten Lächeln im Blickfeld auftauchte, wurde die Stimmung unter den Designerinnen recht lebhaft … Wir hatten alle so viel Spaß!

Das Thema der Woche war klar. Der Apfel sollte auf das Seidentuch, aber wie? Alle Designerinnen erstellten zunächst eine Mustertafel. Eine erste Auswahl wurde getroffen. Es wurden Arbeitsgruppen gebildet und schließlich war es nach vielen Überlegungen da: Das wunderschöne Lichtenhainer Seidentuch, das wir heute noch als besonderes Accessoire anbieten. Zum Abschluss konnte dann jede junge Designerin in unserem Garten ihre Idee ausstellen. Dazu waren als passende Ergänzung Kleider und Röcke genäht worden, alles zum Thema Apfel. Die Presse wurde eingeladen und die Gäste der Ausstellung waren begeistert über die Kreativität und Professionalität, die sie geboten bekamen.

Das Ganze wurde dann noch auf die Reutlinger Pomologischen Tage mitgenommen, wo die Modeschule mit diesem Thema ausstellte. Was für eine Werbung auch für die Uckermark!

Maria – wie jüngere und ältere Frauen einander segnen können

Bei uns in Haus Lichtenhain haben wir immer wieder junge Menschen, die für kürzere oder längere Zeit mit uns leben und ein Praktikum absolvieren. Eine unserer jungen Mitarbeiterinnen, Maria, wurde mir im Laufe der Zeit aber zu einer lieben »Ersatztochter« und hat sich diese Titulierung auch gerne gefallen lassen. Sie ist die älteste von sechs Geschwistern und wir haben uns auf Anhieb verstanden. Ich weiß gar nicht mehr, wie oft Maria bei uns war, jedenfalls oft. Bei einem ihrer letzten Arbeitseinsätze bereitete sie mich dann zart darauf vor, dass sie nun nicht mehr länger kommen könne, da andere Aufgaben dringlicher wurden. Sie tröstete mich damit, dass sie versprach, eine ihrer Schwestern zu schicken.

Gerne habe ich Maria zu all meinen geschäftlichen Kontakten und Fahrten mitgenommen. Auf den Fahrten fragte sie mir über alle möglichen Themen ein Loch in den Bauch: über meine Eltern, meine Studienzeit, meine Zeit als Buchhändlerin oder meine Ehe. Sie fragte auch danach, wie ich meine Ideen entwickle, wie ich mit Enttäuschungen umgehe und warum ich nicht aufgebe, wenn mal was nicht so gut läuft. Wir kamen ins Gespräch darüber, wie man seine Gaben ernst nimmt und seine Wünsche mutig umsetzen kann. Auch über die Geschäftsgründung redeten wir und das Apfelgeschäft – wie es gewachsen ist, wann es gelitten hat, wann es richtig gut lief. Maria stellte nicht nur Fragen, sondern war vor allem eine sehr gute Zuhörerin. Ich habe versucht, ihr das, was ich weiß und im Lauf meines Lebens an Erfahrungen gesammelt habe, weiterzugeben: Wie findet man den richtigen Beruf und den richtigen Mann? Wie finde ich Vorbilder? Wie gute Freunde? Wie kann ich meinen Tag richtig nutzen? Oft habe ich mir schon morgens, wenn ich Bibel las und betete, überlegt, über welche Themen ich an diesem Tag mit Maria sprechen könnte. Sehr wertvoll war es für mich, dass wir uns beim gemeinsamen Frühstück immer mal wieder aus den Psalmen oder aus anderen Büchern der Bibel gegenseitig vorlesen konnten, denn auch Maria ist der christliche Glaube sehr wichtig.

Es ist etwas ganz Kostbares, wenn die verschiedenen Generationen voneinander lernen und einander segnen können. Doch dazu muss man auch gemeinsam Zeit verbringen. So unternahmen Maria und ich »kleine« Fahrradtouren, ich auf dem E-Bike meiner Schwiegermutter (mit dem ich nun endlich siegreich an Michael vorbei – die Berge hochfahren konnte) und Maria mit ihrem normalen Rad, in dessen Pedale sie aber energisch wie eine Sportstudentin trat. Bei unseren Touren ließen wir uns weder von Regen und schlammigen Feldwegen noch von platten Reifen aufhalten. Auf den immer größer werdenden Runden um Lichtenhain erzählte ich ihr so manche Geschichte der Dorfbewohner. Auch über die Geschichte der Familie von Arnim sprachen wir bei unseren Ausflügen zur Klosterruine Boitzenburg oder zur Begräbnisstätte der Grafen von Arnim im Park von Schloss Boitzenburg. Und ich für meinen Teil konnte von Maria etwas lernen über das Potsdamer Studentenleben und in ihre Berichte über ihr Engagement beim christlichen »Sommerlager Oberkrämer« (bei Berlin) eintauchen.

Im Sommer sind immer viele Menschen in Haus Lichtenhain und Maria hat fröhlich und interessiert alles mitgemacht – sei es, mit den Feriengästen der Kinder spielen, mit Michael auf Jagd gehen, sogar ein Reh aufbrechen und vieles andere. Sie war bei Vertreterbesuchen dabei, hat mit mir zusammen Waren ausgeliefert und schließlich auch alleine. Sie ist zu allen Gottesdiensten mitgekommen, hat stundenlang in der Produktion gearbeitet und im Café die Kunden bedient. In ihre Zeit bei uns fiel ein Auftrag mit Tausenden von Arnim-Thalern in Brandenburg-Form mit einem roten Klecks in der Mitte für Berlin und einer andersfarbigen Schleife, die auch noch per Hand hergestellt werden musste. So waren wir an den Abenden oft noch damit beschäftigt, die Schleifen zu basteln. Dennoch war es ein herrlicher Auftrag. Das Endergebnis lieferten wir dann in den brandenburgischen Landtag, wo wir sogar eine Führung bekamen.

Maria hat mich auch auf etlichen Lesereisen begleitet und kannte zum Schluss die Geschichte der Apfelgräfin wirklich aus dem Effeff. Auch die Verkaufsstände hat sie mit aufgebaut. Einmal hatte ich einen Vortrag auf Usedom zu halten. Wir waren extra pünktlich angekommen, aber noch keine Betreuung war in Sicht. Als wir schon fast alles aufgebaut hatten, hieß es, dass der Verkauf ca. einen Kilometer entfernt auf der Festwiese stattfinden solle. Nun mussten wir alles dorthin schleppen. Was war ich froh, dass Maria dabei war, denn es musste ja auch noch der Vortrag gehalten werden! In der Zeit, in der ich am Unternehmerinnenbuch »Einfach anfangen« arbeitete, war Maria auch gerade da und konnte mich entlasten, sodass ich den Kopf frei hatte für das Schreiben. Sie fand es spannend, die einzelnen Interviews und die Entstehung der Texte mitzuerleben – das war herrlich!

Auch im Apfel-Café hat sie natürlich mitgearbeitet und meist einen beneidenswert hohen Trinkgeldumsatz eingefahren! Ob das wohl an ihrer freundlichen Art und ihrer sanften Stimme lag? Als sie dann ihren ersten Lohn bekam – für eine Studentin viel Geld –, haben wir auch ein wenig darüber gesprochen, wie ein guter Umgang mit Geld aussehen kann und dass es wichtig ist, einen Teil unseres Geldes an Gott abzugeben (z. B. in Form von Spenden für die Gemeinde oder karitative Arbeit). Wir können dadurch andere segnen und werden wiederum selbst von Gott gesegnet (Mal 3,10).

Um sie zu motivieren, mehr aus sich herauszugehen, habe ich Maria manchmal gebeten, mir mit den Busgruppen zu helfen und sie schon mal zu begrüßen, solange ich noch nicht da war. Einmal musste sie sogar eine ganze Führung allein übernehmen und die Gruppe war total begeistert! Keiner wusste, wer es war, der sie da begrüßte: Maria Luise Prinzessin von Preußen, deren Vorfahrin Charlotte einst Kaiserin von Russland wurde (vor einigen Jahren war Maria auf den Spuren ihrer Vorfahrin in der MDR-Doku »Glanz und Elend deutscher Zarinnen« zu sehen). Zu köstlich war in dieser Hinsicht auch die Reaktion einer Mitarbeiterin, die fast in Ohnmacht fiel, als sie nach langer Zeit mitbekam, mit wem sie da über Jahre immer wieder zusammengearbeitet hatte. Für sie war die junge Frau eben einfach nur Maria gewesen.

Alltagsfertigkeiten weitergeben

Um 12 Uhr essen wir in Haus Lichtenhain gemeinsam ein warmes Mittagessen. Gerade in der Zeit des Mostens habe ich gelernt, wie wichtig das warme Essen für unsere Mitarbeiter ist. Es hat sich herausgestellt, dass es dann weniger Gereiztheit oder Streit im Team gibt, wenn alle eine warme Mahlzeit im Bauch haben. Auch beim Mittagessenkochen versuche ich unsere Praktikanten zu integrieren. Eine der ersten Praktikantinnen, die ich hatte, war eine frischgebackene Abiturientin mit einer Eins vor dem Komma. Wir waren gerade dabei, zusammen das Mittagessen zuzubereiten, als plötzlich ein unangemeldeter Vertreter vor der Tür stand. Ich bat sie, alleine weiterzumachen: »Mach noch schnell einen Vanillepudding für acht Personen«, sagte ich. Entsetzt sah sie mich an. »Hat dir deine Mutter das nicht beigebracht?«, frage ich. »Nein, wir essen immer Fertiggerichte.« »Okay«, sagte ich, »du hast ein Einser-Abi. Hier sind die zwei Tüten, hinten drauf das Rezept, da die Zutaten, das schaffst du! Hier noch die acht Schüsselchen, da die Dose Obst für obendrauf und fertig. Das geht ratzfatz!« Und mit diesen Worten verschwand ich aus der Küche, denn ich konnte den Vertreter nicht länger warten lassen.

Als ich wieder zurückkam, herrschte Chaos in der Küche. Leere Milchtüten lagen herum, doch immerhin standen acht Schüsselchen auf dem Tablett. Während die junge Frau die Rückseite einer leeren Puddingtüte studierte, zog ein unheilverkündender Geruch durch die Küche. Sie hatte das Pulver nicht vorher angerührt und nun waberte ein klumpiger Matsch angebrannt in dem großen Topf. Ich sagte beschwichtigend zu ihr: »Schimpfen tue ich nie, bloß keine Sorge – wir nehmen heute Eis und machen das später noch mal in Ruhe.« Schließlich ist noch kein Meister vom Himmel gefallen.

Unsere vielen Praktikanten haben mich im Laufe der Jahre nach und nach zu einer besseren Lehrerin für praktische Dinge werden lassen. Sei es, dass ich sie darin anleite, Gäste zu bedienen, Kartoffeln zu schälen, Kuchen zu backen, möglichst zügig und effektiv zu arbeiten … oder dass ich ihre Fragen beantworte, wenn sie mal nicht wissen, was sie als Nächstes machen sollen. Ich bin fasziniert von der Glaubensgemeinschaft der Amischen, z. B. auch davon, wie sie ihre Kinder von klein auf ganz natürlich im Alltag mitlaufen lassen und ihnen praktische Handgriffe und Arbeit beibringen. Ich finde das wichtig. Einer meiner Patensöhne hat schon ganz früh bei mir Abrechnen gelernt. Er liebte das bereits als kleiner Junge, deshalb habe ich ihn auf den Märkten und auch im Hofladen erst unter Aufsicht, aber dann recht schnell alleine die Kasse machen lassen können. Sie stimmte immer und er hat so viel Trinkgeld bekommen, das war unfassbar! Heute ist er in einem großen mittelständischen Unternehmen in leitender Position. Mutter und Tante platzen vor Stolz.

Authentisch Vorbild sein

Manchmal träume ich von einer Unternehmertöchterschule. Ich würde gerne junge Frauen an die Selbständigkeit heranführen und sie bei mir im Betrieb einmal alle Abteilungen durchlaufen lassen. Das fände ich sehr spannend. Aber um jemandem Handgriffe und Abläufe beizubringen, muss ich Vorbild sein. Deshalb sollte ich, sobald jemand an meiner Seite ist, meine Gewohnheiten überprüfen oder besser noch vorher. Kann ich mein Leben einem jungen Menschen so präsentieren, wie es ist? Ich möchte gerne, dass junge Menschen glückliche, christliche Ehen in natura erleben können. Deshalb dürfen unsere jungen Mitarbeiter auch mal meinen Mann und mich »erwischen«, wie wir uns umarmen, verzeihen, absprechen, unterstützen, Entscheidungen erkämpfen, gemeinsam beten. Sie müssen erleben dürfen, wie wichtig Einheit ist und Frieden und wie man ihn nach Streit und Unstimmigkeit wieder erlangen kann.

Wenn junge Menschen gerne mit mir zusammen sind, freut mich das immer. Ich will an ihnen interessiert sein und bleiben. Es gibt »Kinder« in meinem Leben, die sich mir Gott sei Dank anvertrauen. Manchmal nehme ich den einen oder die andere mit und zeige ihnen Fotos, die in meinem Gebetszimmer stehen, und berichte, wie oft ich gemeinsam mit ihren Müttern für sie gebetet und im wahrsten Sinne des Wortes im Gebet für sie »gekämpft« habe, dass sie einen guten Weg einschlagen. Ich zeige ihnen alle meine Bücher, die zumeist Sach- und Arbeitsbücher sind, und wie ich mir wichtige inhaltliche Aspekte aus den Büchern auf der letzten Seite notiere. Das Kostbarste in meinem Besitz sind nämlich meine Bücher. Ich finde, wir sollten lebenslang nie den Drang nach Lernen aufgeben. Deshalb versuche ich viel zu lesen, manchmal ein Buch die Woche je nach Inhalt und Umfang. Erfolgreiche Menschen haben ihr Wissen und ihre Weisheit nicht selten aus Büchern. Auch ich möchte bis zum letzten Atemzug erfolgreich sein in vielfacher Hinsicht. Manchmal frage ich meine jungen Mitarbeiter oder andere Menschen in meinem Umfeld: »Was liest du gerade?« Kommt dann erst mal keine Antwort, bin ich sofort in meinem Element und suche für meinen Gesprächspartner die spannendsten und dünnsten Bücher heraus, um ihn zum Lesen zu animieren. Auch auf diese Weise kann ich Vorbild sein und in andere investieren.

Meister, die (nicht) vom Himmel fallen

Eine Zeit lang hat uns ein wunderbarer Bäckermeister begleitet, von dem alle immer noch sprechen. Er kommt aus einer großen Bäckerdynastie. Er war so gleichbleibend freundlich und arbeitete zuverlässig und stetig. Wenn er da war, herrschte eine friedliche Arbeitsatmosphäre. Manchmal sang er vor sich hin und erzählte gerne schöne Geschichten. Er war immer interessiert an den Kollegen. Und sein Stollen … einfach fantastisch! Wir haben versucht, ihn in ähnlicher Qualität nachzubacken, aber das war nicht möglich. Irgendwann hat er sich dann anderen Aufgaben zugewandt und konnte uns nicht mehr in der Backstube helfen, aber er ist bei uns jederzeit willkommen.

Lesereisen-Eindrücke

»Reisen bildet« heißt es ja. Und das stimmt. Auf meinen unzähligen Vortrags- und Lesereisen zu Kirchengruppen und Landfrauen in ganz Deutschland lerne ich viel Neues. Ich werde beschenkt und bereichert durch die Begegnungen mit den Menschen vor Ort und ihre Erzählungen. Es rührt mich immer zu sehen, wie viel Mühe sich die Gastgeber und Organisatoren bei der Vorbereitung der Veranstaltungen geben. Sei es, dass Tische für Hunderte von Zuhörerinnen hinreißend »apfelthematisch« eingedeckt sind oder die Bühne kreativ und aufwendig geschmückt ist oder dass es sogar ein Frühstücksbuffet mit selbst gemachten Köstlichkeiten zum Thema *Apfel* gibt.

In Worms z. B. hatte die Vorbereitungsgruppe wirklich alles aufgetischt, was nur irgend möglich war: Ein riesiges Buffet mit Rezepten aus meinem Buch »Himmlische Köstlichkeiten« wurde als Fingerfood aufgefahren. Der Raum platzte aus allen Nähten und ich war voll in Fahrt. So etwas liebe ich! In solchen Momenten spüre ich die Gegenwart Gottes durch seinen Geist – besonders, wenn ich weiß, dass das Mitarbeiterteam vor Ort die Veranstaltung im Gebet vorbereitet hat.

Bei meinem Vortrag in Langensteinbach waren viele christliche Frauen anwesend, die ich nicht zum Glauben einzuladen brauchte. Dort habe ich den Schwerpunkt eher darauf gelegt, über die Chancen und Herausforderungen der Ehe zu reden und unsere Ehe als Beispiel für gelingende Beziehungen zu nehmen. Und wenn Michael dann noch dabei sein kann, wird es besonders rund.

Einmal konnte ich sogar auf der Kirchen-Messe »Gloria« in Augsburg in Interviewform sprechen. Am liebsten allerdings lese und spreche ich in Buchhandlungen wie zum Beispiel in Pforzheim – da ich selbst einmal Buchhändlerin war, kehre ich dort sozusagen zurück zu meinen Wurzeln. Ich fühle mich richtig wohl zwischen all den Büchern und in der gemütlichen Atmosphäre eines Buchladens, in der ich den Besuchern ganz nahe bin.

Die schöne neu eingerichtete Alpha-Buchhandlung in der Fußgängerzone in Wittenberg z. B. habe ich geliebt. Vor dem Lutherjahr durfte ich dort sprechen. Die Lesung war gut besucht und die fantastisch sortierte Buchhandlung ist sehr empfehlenswert. Dabei ist mir noch einmal aufgefallen, wie viel vom Buchhändler oder der Buchhändlerin abhängt, die einen Buchladen führt. Gerade christliche Buchläden haben es nicht leicht, deshalb zolle ich jedem meinen größten Respekt, der sich heute traut, eine solche Buchhandlung aufzumachen. Einmal konnte ich in Rostock anlässlich der Eröffnung einer Alpha-Buchhandlung sprechen. Ich freue mich über die vielen Kontakte, die ich nach wie vor zu christlichen Buchhändlern und Buchhändlerinnen habe. Vor einigen Jahren haben sie sogar einen Schaufensterwettbewerb mit meinen Büchern veranstaltet und es war schön zu sehen, wie einfallsreich und liebevoll die Fenster gestaltet wurden. Als Gewinn gab es ein Wochenende bei uns in Lichtenhain. Am liebsten hätte ich allen Beteiligten ein Wochenende gegönnt!

Als ich in Dillenburg einmal vor einem Saal voller christlicher Buchhändlerinnen sprach, war mir sehr daran gelegen, ihnen für ihre wichtige Arbeit zu danken, die in den »Christlichen Bücherstuben« deutschlandweit überwiegend ehrenamtlich getragen wird. Ich ermutigte sie, die Arbeit in der Buchhandlung als Missionsarbeit zu verstehen, weil gute christliche Bücher Menschen in eine Beziehung zum lebendigen Gott führen können.

Ich bin oft sehr berührt von der Zuneigung, die mir meine Leser entgegenbringen, die ich an den verschiedenen Veranstaltungsorten treffe. Mitunter wird mir zur Lesung ein kleines Geschenk mitgebracht und viele freuen sich ganz einfach, mich einmal persönlich zu sehen. Leider besteht nicht immer die Möglichkeit für einen Austausch. Ich hoffe, in Zukunft dafür mehr Zeit zu haben. Ich möchte meine Leser und Leserinnen stärken und Freude verbreiten. Ich möchte zum Glauben an Jesus Christus ermutigen und seine Kraft sichtbar machen anhand der Erlebnisse, die ich mit ihm habe. Ein schönes Sprungbrett, um über Jesus zu reden, bietet sich mir immer, wenn ich bei einer Veranstaltung mit meinem Adelstitel vorgestellt werde. Dann rede ich darüber, was wahrer Adel bedeutet – dass wir nämlich alle von Gott »geadelt« sind: Jeder, der Jesus in sein Leben einlädt und sich unter seine Herrschaft begibt, gehört zur Familie Gottes, des großen Königs, und ist ein »Königskind«.

Als ich einmal in Breckerfeld vor Hunderten von Frauen sprach, hatte ich den Eindruck, ihnen Folgendes anbieten zu sollen: Wer Gott und Jesus ganz bewusst in sein Leben einladen wollte, konnte nach vorne kommen, wo ich ein Gebet mit der betreffenden Person sprechen würde. Leider reagierte niemand darauf. Das war also ziemlich in die Hose gegangen und weder ich noch die Veranstalter werden das so schnell vergessen. Immerhin: In einer sehr bekannten ostdeutschen Stadt konnte ich vor einiger Zeit zwei Menschen zu Jesus führen, darunter einen Alkoholiker. Das hat mich sehr gefreut und ich hoffe, dass sie vor Ort jemanden gefunden haben, der diese Menschen weiter auf dem Weg des Glaubens begleitet.

Eine Lesung in Bad-Liebenzell konnten Michael und ich zusammen gestalten. Mal sprach er, mal ich. Wir haben unsere Zuhörer offen eingeladen und ermutigt, Gott täglich im Gebet zu suchen und an ihm dranzubleiben. Auf dieser Verantstaltung war der Heilige Geist spürbar anwesend und hat nachhaltig gewirkt. Ich merkte: Wenn Michael und ich zusammen unterwegs sind, ist das einfach gesegnet.

An Vortragsorten, die eine lange christliche Tradition aufweisen, mache ich immer wieder die erstaunliche Beobachtung, dass weniger Zuhörer als gedacht eine lebendige Gottesbeziehung haben. Und ich merke: Es ist nicht entscheidend, ob Eltern oder Großeltern oder Ahnen den christlichen Glauben bewusst gelebt haben. Nein, jede Generation muss für sich persönlich Gott suchen, sich von ihm finden lassen und »Ja« zu ihm sagen.

Wenn die Atmosphäre stimmt

Bei einer Lesung in Ebersdorf hatte ich das Gefühl, dass alles nicht nur organisatorisch, sondern auch in geistlicher Hinsicht gut vorbereitet war: Die Atmosphäre während des Vortrags war frei und offen und hinterher, bei der Signierstunde, konnte ich sogar mit Besuchern beten und sie mit Jesus in Kontakt bringen. Das ist es, wonach sich mein Herz sehnt und was ich gerne mehr tun möchte. Von manchen habe ich hinterher gehört, wie sehr sich ihr Leben durch diese Entscheidung für Jesus verändert hat.

Besonders schön war eine Veranstaltung bei meiner Freundin Helge Bunzmann, deren Geschichte in meinem Buch »Einfach anfangen« beschrieben ist. Sie hatte in ihr Wohnzimmer eingeladen. Alles war voll. Wo sich sonst eine gemütliche Familienrunde traf, saßen nun viele Menschen. Man spürte auch hier eine besondere, vorbereitete Atmosphäre. In diesem vertrauten Rahmen konnte ich sehr frei und offen reden. Im Vorfeld hatte ich mich natürlich auch selbst vorbereitet, indem ich für die Veranstaltung gebetet und Gott gefragt hatte, worauf ich bei meinem Vortrag den Schwerpunkt legen soll. Manchmal höre ich auch von Gott etwas für einzelne Menschen, die ich bei meinen Vorträgen treffe. Einmal, ich war gerade auf Deutschlands bekanntester Insel auf Lesereise, konnte ich einem Mann etwas weitergeben, was Gott mir für ihn gesagt hatte. Er war sehr erstaunt, weil es vollkommen auf seine Situation zutraf, und dabei kannten wir uns ja gar nicht.

Wie wichtig ein schön gestaltetes Ambiente für die Besucher und den Erfolg eines Vortrages ist, das erlebte ich auch, als ich bei meiner Freundin Silke Wich in Geroldsgrün eingeladen war. Sie hat neben ihrem eigenen Haus noch ein Haus, das sie für Zusammenkünfte zur Verfügung stellt. An jenem Morgen war jeder Raum sorgfältig dekoriert. Überall duftete es wunderbar und überall blieb das Auge an inspirierenden Sprüchen hängen. Das Frauenfrühstückstreffen war komplett ausgebucht und nach einem köstlichen Frühstück kamen alle Frauen in den zwei Räumen zusammen und ich konnte sprechen. Während des Vortrages war der Friede Gottes zu spüren, weil zuvor viel gebetet worden war, aber auch weil es in dem von den Mitarbeiterinnen schön gestalteten Ambiente viel leichter fiel, den Frieden Gottes in sich aufzunehmen. Das ist mir zum Bild dafür geworden, dass ich Gott und seinen Geist leichter aufnehmen kann, wenn auch mein Inneres »schön gestaltet« und aufgeräumt ist. Spüre ich Unfrieden oder habe ich Wut in mir, weil ich anderen nicht vergeben kann? Dann versuche ich, mit Menschen und mit Gott wieder ins Reine zu kommen.

Was mir am Herzen liegt

Vor Unternehmern zu sprechen ist mir immer ein ganz besonderes Anliegen, weil ich meine, sie zu verstehen. Ich kenne die Nöte und Herausforderungen; den Kraftaufwand, den es braucht, um Aufträge zu generieren oder die Mitarbeiter zu halten; die Unsicherheit, ob man auch bloß das Richtige tut. Schon öfter durfte ich auch für einige Unternehmer beten. Es freut mich, wenn ich bei einem Vortrag vor einem Unternehmen auch eine Betriebsbesichtigung angeboten bekomme, am liebsten natürlich in meiner Branche.

Sehr gerne spreche ich vor den Landfrauen. Es gefällt mir, dass sie so offen, unkompliziert und bodenständig sind. Meist beginne ich mit meiner Lebensgeschichte und achte auf die Reaktionen. Natürlich erzähle ich auch davon, wie ich Gott begegnet bin und wie der christliche Glaube meinen Mann Michael und mich zusammengeführt hat. Erstaunlicherweise sind die meisten Frauen sehr interessiert und keine hat sich bisher beschwert. Ich glaube, es gibt viel mehr Sehnsucht nach Gott in unserem Land, als wir denken. So viele freuen sich und lassen für sich auch beten. Nach den Veranstaltungen erhalte ich dann nicht selten Briefe mit Anmerkungen und Fragen und so komme ich auch aus der Ferne noch ins Gespräch mit meinen Zuhörerinnen. Wenn das mit den Briefen so weitergeht, brauche ich tatsächlich noch eine Sekretärin! Immer habe ich auf meinen Fahrten die Bibeln des Gideonbundes dabei, die ich gerne weitergebe. Dabei weise ich auf die letzte Seite hin, auf der man seinen Namen eintragen und erklären kann, dass man Jesus Christus als seinen Erlöser und Retter annehmen möchte.

Einmal lief ein Vortrag für mein Empfinden etwas aus dem Ruder. Ein voller Saal empfing mich – alle schon mit einem Pils auf dem Tisch – mit einem fröhlichen Lied. Dann richtete der Bürgermeister sein Grußwort an alle, danach kam der Jagdverein, dann sprach die Vorsitzende, anschließend folgte noch eine Aufführung. Eigentlich war ich als Hauptrednerin eingeladen, aber als mein Stündlein in dem überhitzten Saal schlug, waren alle nach eineinhalb Stunden Vorprogramm schon fix und fertig und warfen sehnsüchtige Blicke auf den Kuchen und die Thermoskannen voller Kaffee. Und nun sollte ich reden! Halt, vorher spielte noch einmal die Blaskapelle.

Ich konnte dann doch noch die Aufmerksamkeit der Besucher fesseln und sie hin und wieder mit einigen humorvollen Sprüchen und Erzählungen zu schallendem Gelächter bringen. Und ich war froh, dass alle einfach nur froh waren.

Ich reise gerne im Osten Deutschlands, doch merke ich bei meinen Vorträgen auch immer wieder, wie wenig Kenntnis über den christlichen Glauben ich noch voraussetzen kann. Einmal war ich in Eisenhüttenstadt eingeladen. Ganz früh am Morgen fuhr ich, begleitet von einem von Michaels Mitarbeitern, mit unserem schon am Abend zuvor gepackten Transporter los und wir kamen gut in der baulich vom Kommunismus geprägten Stadt an. Walter Ulbricht hatte 1953 in seiner als »Turmrede« bekannt gewordenen Ansprache anlässlich der Namensverleihung »Stalinstadt« ausdrücklich betont, dass es sich um eine Stadt ohne Kirchturm handle. Dass ausgerechnet hier dann doch Christen Fuß gefasst haben, ist wirklich ein Wunder. Im Krankenhaus der Stadt war ganz oben ein großer Saal angemietet worden für ein Frauenfrühstück, bei dem ich sprechen sollte. Ich war überwältigt, wie viele Frauen zum Vortrag kamen. Das hatte ich nicht erwartet. Ich versuchte zu stärken, zu erfreuen und liebevolle Worte zu finden und hoffe sehr, an weiteren Orten wie diesem eingeladen zu werden.

Kapitel 6

Über Zeit, Zeitgestaltung und Ziele

Ach, hätte ich doch …

Im Dankesbrief meiner Schwiegermutter für mein Geschenk zu ihrem 85. Geburtstag schrieb sie mir: »Du hast ja noch so viel Zeit vor Dir.« Zeit ist das Kostbarste, was jeder Mensch hat. Wir sind da alle auf dem gleichen Kontostand, weil wir nicht wissen, wie viel wir davon noch zur Verfügung haben.

Wenn ich das doch bloß früher verstanden und mal ein Zeitmanagement-Seminar besucht hätte! Ach – hätte ich doch besser auf all die klugen Ratschläge zum Thema *Zeit* gehört! Hätte, hätte, hätte ... »Tante Hätte lebt nicht mehr«, sagt mein Mann oft. Recht hat er. Es nützt nichts, verpassten Chancen hinterherzutrauern. Besser ist es, nach vorne zu schauen. »Weitermachen« lautet die Devise eines befreundeten Kollegen. Sein Pragmatismus ermutigt mich.

Kostbare Zeit

In einem der Gottesdiensträume unserer Gemeinde hängt eine Uhr an der Wand. Manchmal ertappe ich mich, dass ich sträflicherweise während der Predigt darauf schaue. »Was? Schon fünf vor zwölf?« Doch Fakt ist, dass diese Uhr immer auf fünf vor zwölf steht, um uns an die Kostbarkeit und Dringlichkeit der Zeit zu erinnern. Als Christ glaube ich: Jesus kommt wieder. Darauf möchte ich vorbereitet sein. Und deshalb möchte ich die Zeit, die mir in diesem Leben zur Verfügung steht, nutzen, so gut es geht.

In unserem Haus stehen überall Uhren. Sanduhren, Wanduhren, Wecker, leise und laut tickend. Eigentlich möchte ich auch gerne eine große Standuhr im Flur haben, die zur vollen Stunde schlägt, um mich an die kostbare Zeit zu erinnern. Denn die Kirchenglocke höre ich hier in Lichtenhain nur, wenn der Wind richtig steht. »Meine Zeit steht in deinen Händen«, heißt es in Psalm 31,16. Immer wenn ich das lese, denke ich darüber nach: Wer ist Herr über meine Zeit? Ich möchte offen sein für Gottes Reden und das tun, was er von mir will. Das kann dann auch bedeuten, dass ich von meinem eigenen Tagesplan abweiche.

Vor einiger Zeit erschütterte uns die Nachricht von der Krankheit eines jungen Familienvaters in unserer Nähe. Immer wieder hatte ich den Eindruck, ich sollte die Familie besuchen, um Anteil zu nehmen und auch von der Hoffnung auf ein Leben nach dem Tod zu erzählen, die wir durch Jesus Christus haben. Doch wie es manchmal so geht – ich schob den Besuch immer wieder auf. Eines Tages erreichte uns die Nachricht, dass der Familienvater verstorben sei. Ich machte mir große Vorwürfe und nahm mir vor, demnächst besser auf die leise Stimme Gottes zu hören. Zu gerne will ich mehr mit Gott und mit seinem Geist zusammenarbeiten. Er redet immer, die Frage ist nur, ob ich auf die richtige »Hörfrequenz« eingestellt bin und sein Reden auch erwarte.

Der Tag, an dem mein Mann »befahl«, den Fernseher rauszuschmeißen, war furchtbar. Es gelang auch nicht gleich, doch schlau, wie er ist, hat er das Kabel abgetrennt, damit wir uns nur noch gute Filme ansehen. Es war eine der besten Entscheidungen überhaupt! Ich las einmal eine Statistik, die besagte, dass Menschen ab fünfzig fast sechs Stunden täglich vor dem Fernseher sitzen! Bei den Jüngeren soll es wesentlich weniger sein, nur zwei Stunden und zwanzig Minuten. Ich schätze allerdings, dass sie dagegen bei sozialen Medien wie YouTube, Facebook oder Instagram gelandet sind. Ich für meinen Teil betrachte das Leben von anderen Menschen nur noch, wenn ich etwas daraus lernen kann – deshalb lese ich so gerne Biografien. Ach, überhaupt … Bücher! Das Kostbarste in unserem Haus ist meine Bibliothek. Sie wächst und wächst. »Das, was du im Kopf hast, kann dir niemand nehmen«, sagte meine Mutter immer, die noch den Krieg und große Verluste erlebt hatte. Wenn ich doch bloß schon all die Ratschläge und guten Hinweise hätte umsetzen können, die in meiner Bibliothek zu finden sind. Aber so gehe ich einen Schritt nach dem anderen und investiere immer wieder Zeit in gute Bücher.

Die besten Zeiten meines Lebens

Manche Menschen berechnen jede Minute. »Zeit ist Geld«, sagen Geschäftsleute oft. Über 22.000 Tage habe ich schon gelebt. Statistisch gesehen, anhand der durchschnittlichen Lebenderwartung von 78 Jahren, blieben mir also noch ungefähr 6.570 Tage. Das ist viel weniger, als ich bisher zur Verfügung hatte. Ich habe beschlossen: Es werden die besten Zeiten meines bisherigen Lebens und ich will sie so gut wie irgend möglich gestalten – in allen Bereichen. Ich lebe und arbeite sehr gerne und ich bete, dass Gott mir noch möglichst viele fruchtbare Zeitabschnitte schenken möge und dass er dabei mein Herz mit Freude erfüllt, wie es in der Bibel beschrieben wird (Apg 14,17).

Manchmal, während ich zielgerichtet auf etwas zulaufe, um die Zeit so gut wie möglich zu nutzen, kommt es vor, dass mein Mann mich plötzlich anhält und umarmt. Das müsse jetzt sein, meint er dann, auch wenn meine Zeiteinteilung durcheinanderkäme. Und ich versinke in seinen Armen und bin froh, dass er mir erneut eine alte Weisheit deutlich gemacht hat: »Ein jegliches hat seine Zeit, und alles Vorhaben unter dem Himmel hat seine Stunde: […] herzen hat seine Zeit, aufhören zu herzen hat seine Zeit …« (Pred 3,1+5).

Heilsame Morgenroutinen

Erfolg, ein gutes Leben auch inmitten von schlechten Umständen, ist verborgen in der täglichen Routine. Sie hilft mir, Zeit gut zu strukturieren und zu nutzen. Für mich bedeutet das, früh ins Bett zu gehen und früh aufzustehen. Auch meine »Morgenroutine« ist mir wichtig: Schnell schlüpfe ich in meine am Abend schon bereitgelegte Joggingkleidung und mache mich auf meine Laufrunde durch den Garten – der ist in Lichtenhain sehr groß. Manchmal dehne ich meine Morgenrunde auch bis auf den Feldweg aus. Ich laufe den Berg hoch und wieder runter, bis zum Hochsitz und zurück. Währenddessen lassen sich herrlich einige Psalmen über den Kopfhörer meines Handys hören. Ich bete und lobe meinen Schöpfer und bewundere, wie es jeden Morgen so ganz anders aussieht: Ich entdecke zarte Spinnweben, die der Tau im Korn nachgezeichnet hat. Ganz hinten im Garten habe ich einen Fasan aufgescheucht oder unseren Hof-Hasen, der mir in einiger Entfernung nachschaut, wie ich meine Runden drehe. Dann laufe ich ums Hochbeet und bete dabei für die Mitarbeiter meines Mannes, die es mir gebaut haben, und segne sie in Gottes Namen. Ich zupfe schnell etwas Unkraut aus dem Beet und frage Gott unterdessen, welches Unkraut er aus meinem Lebensgarten zupfen möchte. Während ich ein Möhrchen etwas herausziehe, um nachzusehen, ob es schon genug gewachsen ist, danke ich Gott für alles, was schon an Gutem in meinem Leben gewachsen ist. Und ich denke an all die »Samen«, die ich schon gesät habe: Welche »Ernte« an Kunden sie erbracht haben oder an neuen Aufträgen, aber auch, welche guten Ideen gewachsen sind. Ich genieße die klare Luft – was für ein Geschenk –, die Stille, den Frieden.

Die Dusche nach dem Laufen eignet sich wunderbar, um Gott für den neuen Tag zu danken. Dann trinke ich einen schönen Kaffee und setze mich an meinen Schreibtisch, um in der Bibel zu lesen. Eine Stunde habe ich dafür nur, und wie schnell vergeht diese Zeit inzwischen! In dieser Stunde bete ich, schreibe in mein Tagebuch, überdenke die nächsten Ziele und plane den Tag. Während dieser hart erkämpften Zeit finde ich »verborgene Schätze« (wie es in Jesaja 45,3 heißt), deshalb ist sie niemals vergeudet. Neben dem Lesen und Beten setze ich mich auch immer mal wieder ganz still in meinen Sessel und höre auf Gott.

Mit diesem Sessel hat es übrigens etwas ganz Besonderes auf sich: Er gehörte einmal meinem Vater und es gab nichts Schöneres für mich, als mich als Kind auf seinen Schoß zu setzen, während er in seinem Sessel Zeitung las. Jedes Mal, wenn er eine der großen Seiten umblätterte, raschelte es herrlich und es war für mich, gemütlich auf dem Schoß meines Vater sitzend und hinter der Zeitung verborgen, ein wundervolles Versteck! Mein Vater lebt schon lange nicht mehr, aber den Sessel durfte ich erben. Wenn ich hier sitze, denke ich oft an ihn und an einen Vers aus dem 27. Psalm: »Wenn mich auch Vater und Mutter verlassen, der Herr nimmt mich auf.« (V. 10)

Das erfahre ich jeden Tag aufs Neue und mache es mir besonders in den Morgenstunden, noch bevor der Tag so richtig seinen Lauf nimmt, bewusst: Der Herr nimmt mich auf. Ich bin bei ihm geborgen. Aus dieser Ruhe und Sicherheit heraus wird mein Fokus für den Tag geschärft: Was ist wirklich wichtig und was nicht? Wenn mir dann die Prioritäten für den Tag klar werden, fällt es mir leichter, Ablenkungen beiseitezuschieben. So bin ich nicht Getriebene des Tages und der Störungen, sondern ich kann mein Leben lenken. So sollte es sein, Tag für Tag. Ein Ziel für meinen Tag kann es z. B. sein, 250 kleine Geleegläschen zu befüllen, zu bekleben und zu versenden. Davon lasse ich mich möglichst nicht abbringen.

Gute Gewohnheiten etablieren

Wissenschaftler haben herausgefunden, dass man sich etwas besser angewöhnt, wenn man es erst einmal 21 Tage hintereinander geschafft hat, eine Gewohnheit umzusetzen. Mich persönlich hat es Jahre gekostet, gute Gewohnheiten zu etablieren. Aber jetzt möchte ich sie nicht mehr missen. Jeden Morgen um 8.30 Uhr findet bei uns in Haus Lichtenhain die Arbeitseinteilung statt. Danach wende ich mich erst mal meinem Haushalt zu. Auch bei der Hausarbeit verbringe ich Zeit mit Gott. Dabei habe ich mir verschiedene »Gebetsstationen« angewöhnt: Wenn ich z. B. die Betten mache, bete ich für unsere Ehe. Beim Abwaschen bete ich für meine Patenkinder. Ich bitte Gott auch, dass ich während des Tages aufmerksam für ihn bleibe und ihn in die Situationen, die geplant oder ungeplant kommen, mit einbeziehe und nicht nur aus meiner eigenen Kraft arbeite. Dabei kommt mir immer wieder ein Vers aus dem Lukasevangelium in den Sinn, in dem Jesus sagt: »Du sollst den Herrn, deinen Gott, lieben von ganzem Herzen, von ganzer Seele und mit all deiner Kraft« (10,27). Für meine Alltagsgestaltung bedeutet es, dass ich in Gott verliebt sein und ihn fragen und einbeziehen möchte in jeden Plan und in jede Alltagssituation. Wer liebt, der wird kreativ in dem, was dem anderen gefallen würde. So möchte ich an jedem Tag Dinge tun, die Gott gefallen. Dazu lasse ich mir immer wieder neue Erinnerungshilfen einfallen, damit ich nicht vergesse, Gott meine Liebe und meinen Dank auszudrücken: Knoten im Taschentuch, inspirierende Sprüche, einen Piepser, der mich alle zehn Minuten zum Danke sagen motiviert … bis ich ihn beim 99. Mal nicht mehr höre und erst mal wieder zur Seite legen muss.

Wertvolle »Alters-Zeit«

Jeder Tag will geplant werden besonders in Zeiten, in denen Arbeit, Beschäftigung und öffentliches Leben heruntergefahren werden oder man sich »plötzlich« in Rente befindet. »Wenn ich meine Praxis nicht mehr hätte, würde ich irre werden«, berichtete mir ein Arzt, der in seinem Alter gar nicht mehr Arzt sein müsste. Ja, was macht das Leben aus, besonders nach dem Arbeitsleben? Meiner Ansicht nach ist diese Frage gar nicht so schwer zu beantworten: Man kann immer etwas für sich und andere tun, z. B. jemanden besuchen, schreiben oder anrufen. Als Christ habe ich zudem die wichtige Aufgabe zu beten: für meine Familie, für Freunde, für Menschen, die Jesus noch nicht kennen, für unser Land, für die Welt … Ich finde, dass das Wissen und die Weisheit alter und hochbetagter Menschen viel mehr gewürdigt werden und in unserer Gesellschaft Gehör finden sollte. In der Bibel heißt es an einer Stelle: »… eure Alten sollen Träume haben …« (Joël 3,1). Ja, wir brauchen die ältere Generation und ihre Lebenserfahrung sehr, auch ihre Zukunftsvisionen und Träume.

Haben Sie schon einmal darüber nachgedacht, wie ihr Leben bis zum Jahresende aussehen soll? Früher hat es mich gestört, wenn Menschen ständig mit ihrem Kalender in der Hand ihre Zeit geplant haben. Mittlerweile finde ich das selbst sehr hilfreich. Auch meine Schwiegereltern haben bis ins hohe Alter hinein, bis mein Schwiegervater starb, Pläne gemacht und sich gute Ziele und Unternehmungen ausgedacht. Meine Schwiegermutter, Jahrgang 1935, ist immer noch sehr aktiv und als begnadete Märchenerzählerin in Schulen, auf Gartenfesten und in Museen unterwegs. Dort beschenkt sie, untermalt von entsprechenden Bildern, Kinder und Erwachsene mit Märchen. Und während der Corona-Pandemie hat sie ihre Mitbewohner über den Hauskanal des Wohnstiftes mit ihren Erzählungen erfreut.

Zeit-Verschwendung?!

»Ich geh noch mal schnell Apfelsaft aus dem Lager holen«, sagt eine Mitarbeiterin, damit ich Bescheid weiß, wo sie ist. Eine leise kleine Stimme flüstert mir zu, sie zu bitten, gleich doch noch das Apfelmus aus der Truhe mitzubringen. Doch ich schiebe den Gedanken beiseite und reagiere nicht. So muss ich später selbst noch einmal gehen. Hätte ich bloß besser hingehört, wäre diese kleine Zeitverschwendung nicht nötig gewesen. Ich merke: Wenn ich enger mit Gott zusammenarbeite, kann ich Zeit effektiver nutzen. Die Zeit, die wir hier auf der Erde haben, ist die kürzeste unserer Existenz. Als Christ glaube ich nämlich, dass ich noch in Ewigkeit bei Gott leben darf. Im Vergleich dazu ist meine Lebenszeit auf der Erde sehr kurz und doch alles entscheidend. Dinge, die wir hier für Gott tun, werden in alle Ewigkeit nicht vergessen sein. Manchmal frage ich mich, wie Jesus in seiner kurzen Lebenszeit so viel bewirken konnte. Die Antwort ist einfach: Er war ganz eng mit Gott verbunden.

Zwanzig Jahre lang haben wir die Deckel der Arnim-Thaler von Hand mit einem Pinsel bestrichen – Plätzchen für Plätzchen. Mit den blumigen Worten, dass man die Liebe förmlich schmecke, mit der sie hergestellt werden, habe ich sie angepriesen. Doch gleichzeitig sah ich Euro für Euro durch den Puderzuckerguss fließen. Ich wusste, dass ich eine zeitsparendere Möglichkeit finden müsste, um den Guss auf das Gebäck zu bringen. Wir probierten alle möglichen Varianten und guten Hausfrauentechniken aus und verwarfen sie wieder. Die technische Erleichterung für solche Fälle war mir schon lange bekannt, lag aber finanziell in weiter Ferne. Vor einiger Zeit nun fand ich endlich die richtige und obendrein bezahlbare Maschine – wieder uralt. Sie tut ihre Dienste perfekt. Wir schwimmen im Puderzuckerglück! Wie viel Zeit ging uns mit der alten Methode durch die Lappen. Was hätte alles gespart werden können? Doch es nützt nichts, sich im Nachhinein darüber zu ärgern, zumal ich eine ähnliche gebrauchte Maschine einfach nicht eher gefunden habe. Nun ist die Maschine ja da und zum »Einstand« gab es Eierbrötchen und Eis für alle Mitarbeiter. Man muss nach vorne schauen und das Leben feiern!

Durchs Fernglas schauen – Ziele in den Blick nehmen

Ich habe gelernt, wie wichtig Ziele sind. Jahresziele, Lebensziele, Umsatzziele, geistliche Ziele, gesundheitliche Ziele. Zu Beginn eines Jahres fasse ich wie viele Menschen gute Vorsätze. Nicht alle halte ich zwar ein, aber so bekomme ich mehr Struktur in meine Zeitplanung. Ein Geheimnis erfolgreicher

Arbeit ist für mich auf jeden Fall eine gewisse Regelmäßigkeit. Zum Beispiel übe ich regelmäßig Klarinette oder drehe, wie schon beschrieben, meine Morgenrunden. Außerdem habe ich mir angewöhnt, meine Ziele zu visualisieren: Ich baue mir aus Kork drei Zieletafeln. Dort hänge ich eine begrenzte Zahl an Zielen auf, bis zu acht. Auf einer Tafel stehen die persönlichen Ziele, wie zum Beispiel eine neue Küche. Meine ist von meiner Schwiegermutter aus dem Jahr 1960, sie war damals der Mercedes unter den Küchen und tut ihre Dienste, alle werden satt, ich komme damit klar, doch so langsam wäre eine neue schön. Dann gibt es eine weitere Tafel, auf der ich meine geistlichen Ziele festhalte, z. B. pro Woche ein gutes christliches Buch lesen (wenn es nicht zu dick ist). Einen Bibelvers pro Tag auswendig lernen und Menschen zu Jesus führen. Und dann gibt es noch die unternehmerische Zieletafel, auf der ich Dinge festhalte wie: jeden Morgen mit fünf Kunden Kontakt aufnehmen, 500 Werbebriefe im Monat versenden, ein neues Hofladen-Outfit oder die Umstellung mancher Abläufe im Apfel-Café.

Ich habe mir auch eine Pinnwand an einem gut sichtbaren Ort angebracht und dort z. B. angepinnt, welche neuen Produkte ich bis zum Jahresende entwickeln oder welche anderen unternehmerischen Ziele ich in den Blick nehmen will. Manchmal vergesse ich sie, aber ich bin fest davon überzeugt, dass sie dennoch eines Tages Realität werden, denn wir haben einen großen Gott. An die Pinnwand kommen auch meine Wünsche, welche Menschen, die meine Vorbilder sind, ich gerne wiedersehen würde. Auch für Träume, wie den, über dem Apfel-Café eine Wohnung auszubauen und am Gartenflügel von Haus Lichtenhain einen Balkon anzubringen, ist dort

Patz. Dafür male ich mir eine kleine Skizze und hänge sie auf. So behalte ich meine Ziele vor Augen und manchmal sind sie schneller realisiert, als ich es erwarte. Wenn die Vision klar ist, ergeben sich oft auch Möglichkeiten zu ihrer Verwirklichung.

Zusätzlich zu den Zieletafeln und meiner Pinnwand habe ich noch ein Wunschbuch. Dort habe ich sicher Hunderte von Wünschen und Träumen hineingeschrieben, aus denen ich allerdings die herauszufiltern versuche, für die mein Herz am meisten schlägt. Es sind auch riesige Träume dabei, die ich kaum auszusprechen wage. Aber mit Gott rede ich darüber und schaue sie immer wieder an. Schon so viele Träume sind im Lauf meines Lebens Realität geworden, deshalb erwarte ich, dass auch einige der in diesem Buch festgehaltenen Träume wahr werden … Gott gefallen große Träume, die wir nicht allein ins Sein bringen können. Aber er kann uns zum Durchbruch verhelfen. Wir müssen nur anfangen und ihn einbeziehen. Er ist es auch, der manche Träume und Visionen überhaupt erst in unser Herz legt.

Mir ist aufgefallen, dass es, was Träume betrifft, ein »Gesetz der Anziehung« zu geben scheint. Bin ich innerlich auf Ziele und Zukunft programmiert, so zieht das Menschen an, die ebenfalls große Träume verfolgen. Mir schreiben oft Frauen, die sich eine Selbständigkeit erträumen, und ich versuche sie zu unterstützen. Da ist z. B. die Imkerin, die gleichzeitig nachhaltige Wachstücher herstellt; oder die Zeichnerin, die Kartons und Geschenkpapier entwickelt; da ist die Modistin, die ich unterstütze und ermutige, ihren Traum vom ultimativen Mantel umzusetzen; oder die begnadete Illustratorin, die den Wert ihrer Arbeit noch nicht so gut einschätzen kann und der ich vermarktungstechnisch beistehe. Ich helfe sehr gerne und unterstütze Menschen, dass sie ihre Träume erfüllen können, um diese Welt bunter und lebendiger zu machen.

Gott ist ein Gott der Kreativität und er hat auch uns mit dieser Fähigkeit ausgestattet. Dem ersten Menschen Adam hatte der Schöpfer im Paradies die Aufgabe übertragen, allen von Gott geschaffenen Tieren Namen zu geben. Wir haben heute die Aufgabe, das, was uns in dieser Welt an Möglichkeiten und Ressourcen gegeben ist, sorgsam und zum Wohl der Menschen und der Schöpfung zu nutzen, damit unsere Werke am Ende von Gott für gut befunden werden.

Kapitel 7

Krisen und ihre Chancen

Kleine und große Krisen

Ich erinnere mich noch an die Zeit, als ich vor 20 Jahren vor dem Fax saß, förmlich Bestellungen »herausflehte« und schließlich so viele kleine und große Wunder hinsichtlich der Vermarktung unserer Produkte erleben durfte. Letztlich war für mich damals jede Bestellung ein Wunder. Ich fragte mich: Warum denkt jemand *gerade jetzt* an die kleine Apfelfirma am Ende der Welt? Im Laufe der Jahre haben wir als Unternehmen so manche Krise zu meistern gehabt und mit der Zeit wird man »krisenerprobt«. Für die Mitarbeiter ist das allerdings nicht immer einfach, denn der Wechsel zwischen zu viel Arbeit und plötzlicher Flaute ist herausfordernd. Auch die Einführung des Mindestlohns war bei unseren von Hand hergestellten Produkten eine Herausforderung. Eine der größten Krisen bisher war aber sicher der Ausbruch der Corona-Pandemie.

»Ich lass mir doch nicht mein Lebenswerk zerstören!«, rief meine nette Kollegin, die zur selben Zeit ihre Pension gegründet hatte wie ich mein Geschäft. Nach dem ersten Jahr der Pandemie wusste sie nicht mehr weiter. Die staatlichen Hilfen kamen nicht so schnell wie erhofft, gleichzeitig blieben ihr aber die laufenden Kosten, die so ein Betrieb eben hat. Die Ersparnisse waren fast aufgebraucht. Wie ihr erging es bei uns in der Gegend vielen, die mit dem Rücken zur Wand standen.

Auch wir in Lichtenhain erlebten nach einem fast normalen Weihnachtsgeschäft 2019 das Frühjahr 2020 als große Herausforderung. Mangels Desinfektionsmitteln wandelten wir den Alkohol, der eigentlich für die Likörproduktion da ist, in Desinfektionsmittel um. Die Handklinken wurden täglich mehrfach abgewischt, die Lieferdienste kamen mit Maske und stellten kontaktlos die Pakete ab. Nur wenige wollten den angebotenen Kaffee, aus Sorge.

Es ist ja schon in normalen Zeiten ganz schön still in Lichtenhain, aber so eine Stille hatte ich noch nie erlebt. Kein Flugzeug, kein Auto. Nichts. War das himmlisch? Michael hatte noch im Herbst 2019 Massen an Tulpenzwiebeln gepflanzt und auch unsere 28 Blumenkästen quollen vor blühenden Stiefmütterchen über, die nun uns ganz allein erfreuten anstatt die zu erwartenden Cafégäste und Hofladenbesucher. Ich musste mit den Mitarbeitern eine Entscheidung treffen: Kündigung oder Kurzarbeit. Alle entschieden sich für Kurzarbeit. Wir richteten im Hofladen ein Regal mit Waren des täglichen Bedarfs ein, aber außer ein paar Tütchen Hefe wurde nichts eingekauft. Es kam ja auch niemand vorbei. Alle igelten sich ein. Die Kläranlagen der Uckermärker Dörfer schwappten teilweise über, denn viele Stadtbewohner flohen in dieser Zeit aufs Land. Den einzigen Kontakt, den wir hatten, war unsere Postbotin und der DPD-Fahrer. Alle Geschäfte in den schönen Fußgängerzonen verschiedener Städte, die wir sonst mit unseren Produkten belieferten, z. B. Teeläden, Cafés, Tourismuszentralen, Hofläden oder Obstgeschäfte, waren geschlossen. Niemand brauchte Präsente, es gab fast keine Bestellungen. Ich konnte so viel Werbung machen wie ich wollte, nichts passierte. Verunsichert betrachtete ich mein Apfelkonto, das sowieso immer erst Anfang Mai wieder fröhlich ist, wenn hier Betrieb herrscht. Sonst hatte ich um diese Zeit Lesereisen, mit deren Hilfe ich dann die Gehälter meiner Mitarbeiter zahlen konnte. Aber auch die fielen aus.

Was trägt mich in Krisenzeiten?

Was war in all dem das Wichtigste, fragte ich mich. Meine Antwort war: Frieden finden. Ruhig bleiben.

Im Jahr 2008 hatten wir schon einmal eine vergleichbare Situation miterlebt. Eine Wirtschaftskrise. Damals hatte ich in Hamburg auf der Messe einen großen Messestand gebucht und eine Kostenlawine wollte durch gute Aufträge bewältigt werden. Doch die Kollegen und ich waren fassungslos, da niemand orderte. Es ging allen gleich.

Auch im Jahr 2020 kamen wir dann wieder in diesen Krisenmodus. Und ich versuchte, inmitten des Sturmes Frieden zu finden und mein Inneres zu schützen. Ich entschied mich, nur einmal am Tag die Nachrichten zu hören, nicht alle halbe Stunde. Ich gab meine Ängste an Gott ab und überlegte mir innerlich mindestens fünf Dinge, für die ich dankbar bin. Wochenlang war ich allein im Betrieb, keine Ablenkung über Stunden, nichts – nur die Stille, Gott und ich. Das war herrlich. Ich hörte beim Arbeiten Predigten, sang ihm Lieder und redete ungestört über Stunden hinweg mit ihm.

Auch von anderen hörte ich, dass sie den ersten Lockdown durchaus nicht nur als negativ erlebt haben: Die Familie sei enger zusammengerückt und man hat die Stille genossen. Da irgendwie jeder von uns mit sich selbst konfrontiert war, fing so mancher an, äußerlich aufzuräumen, aber auch innerlich.

Mein Mann Michael und ich hatten uns während der Zeit des ersten Lockdowns vorgenommen, den regelmäßigen Tagesablauf nicht zu verlassen, sondern wie immer pünktlich aufzustehen; uns ordentlich anzuziehen, auch wenn einen niemand sieht; eine Stunde in der Bibel zu lesen und zu beten, dann zu arbeiten, um 12 Uhr wie immer Mittag zu essen etc. Wichtig wurde mir in dieser Zeit auch, Gott zu fragen, was ich für andere tun kann, wem ich helfen kann, wem ich einen Brief schreiben und in seiner Einsamkeit beistehen kann. Ich führte Telefonate mit Menschen, die sich zum Teil erst einmal räuspern mussten, weil sie den ganzen Tag über noch kein Wort gesprochen hatten.

Eine liebe Mitarbeiterin sagte mir, sie habe Angst. Auch viele andere in meinem Umfeld machten sich Sorgen und ihnen fehlte, je länger sich die Pandemie und die Einschränkungen hinzogen, die Kraft. Ich versuchte in dieser Zeit, mein Herz vor zu vielen schlechten Nachrichten zu bewahren und streckte mich aus nach guten Nachrichten und guten Gedanken. Dabei war mir einmal mehr der christliche Glaube eine Hilfe. Ermutigende und heilsame Worte aus der Bibel trösteten mich und gaben mir Kraft und Hoffnung für mich selbst und andere:

> »Der Herr ist mein Hirte, mir wird nichts mangeln. Er weidet mich auf einer grünen Aue und führet mich zum frischen Wasser. Er erquicket meine Seele. Er führet mich auf rechter Straße um seines Namens willen. Und ob ich schon wanderte im finstern Tal, fürchte ich kein Unglück; denn du bist bei mir, dein Stecken und Stab trösten mich.« (Ps 23,1-4)

Oder:

> »Sorgt euch um nichts, sondern in allen Dingen lasst eure Bitten in Gebet und Flehen mit Danksagung vor Gott kundwerden! Und der Friede Gottes, der höher ist als alle Vernunft, wird eure Herzen und Sinne in Christus Jesus bewahren.« (Phil 4,6-7)

Während der Anfangszeit der Pandemie verinnerlichten Michael und ich besonders den 91. Psalm und lernten ihn auswendig. Dort heißt es:

> »Wer unter dem Schirm des Höchsten sitzt und unter dem Schatten des Allmächtigen bleibt, der spricht zu dem Herrn: Meine Zuversicht und meine Burg, mein Gott, auf den ich hoffe. [...] Denn er hat seinen Engeln befohlen, dass sie dich behüten auf allen deinen Wegen, dass sie dich

auf den Händen tragen und du deinen Fuß nicht an einen Stein stoßest.« (V. 1-2; 11-12)

Krisen und ihre Chancen

Mir wurde neu bewusst: Ja, wir dürfen auf Gottes Hilfe vertrauen. Aber wir haben keinen Anspruch auf eine krisenfreie, sorglose Existenz. Ich bin nicht nur auf der Welt, um ein gutes Leben zu haben, sondern es geht um so viel mehr. Es geht darum, eine Beziehung zu unserem Schöpfer zu haben und Gottes Reich in dieser Welt zu bauen.

Deshalb beschlossen Michael und ich in den ersten Monaten der Corona-Krise des Jahres 2020, dass wir alles daransetzen wollten, dass es ein gutes, fruchtbares und erfüllendes Jahr mit Gott werden sollte. Denn durch jede Herausforderung und jeden Kampf kann Gott uns stärker machen und wir dürfen mitten in Krisenzeiten Wunder erwarten. Das konnte ich tatsächlich erleben: Es kam ein unerwartet großer Auftrag von einem Katalogversender, bei dem wir gelistet sind, und im Sommer wurden wir von Gästen aus allen Teilen Deutschlands überrannt. Plötzlich entdeckten z. B. die Kölner die Uckermark und Urlauber aus anderen Teilen der Republik berichteten uns, dass sie eigentlich nach Mallorca oder ins Ausland hatten reisen wollen und nun ganz erstaunt waren, wie schön die Uckermark sei. Deutschland machte Urlaub in Deutschland!

Von einer guten Freundin wurde ich in dieser Zeit gefragt, ob ich mir Sorgen um die Firma mache. Nein, Sorgen machte ich mir nicht, ich machte mir nur Gedanken darum, wie ich die richtigen Entscheidungen treffen und möglichst weise handeln konnte. Mit unserem Betrieb sind wir ja doch für einige Menschen verantwortlich.

Die Corona-Pandemie hat mir neu bewusst gemacht, dass es immer wieder Krisen geben wird und dass wir alle verletzlich sind: Auch uns hatte es erwischt. Wir waren mit COVID-19 infiziert und hätten nie gedacht, dass es uns so aus der Bahn werfen würde. Es war, als hätten wir eine starke Grippe. Täglich bekamen wir Anrufe vom Gesundheitsamt. Über zwei Wochen waren wir allein im Haus ohne weitere Kontakte. Auch alle unsere Mitarbeiter waren in Quarantäne. Am schlimmsten vermisst habe ich die Freunde aus unserer Kirchengemeinde, doch Gott sei Dank konnten wir über den Computer verbunden bleiben. Auch unsere Verwandten und Bekannten nahmen Anteil an unserem Ergehen und wollten wissen, wie sich eine Corona-Erkrankung anfühlt. Wir sind sehr dankbar, alles gut überstanden zu haben, körperlich, aber auch betrieblich.

Gott ist da

Auf die Corona-Pandemie war keiner von uns vorbereitet – wie das oft so ist bei Krisen, die aus einer Richtung kommen, aus der wir sie überhaupt nicht erwarten. Ich bin mir sicher: Es wird weitere Erschütterungen geben. Und zusammen mit Christen überall auf der Welt glaube ich: Jesus kommt bald wieder, wenn die Erschütterungen am größten sind. Darauf möchte ich vorbereitet sein. Zu gleicher Zeit ist es mir wichtig, nicht im Morgen zu leben, sondern im Heute. Ich möchte jeden Tag aus dem Vertrauen auf Gott heraus leben und die Menschen, die mir anvertraut sind, wertschätzen und ihnen Zeit schenken. Gott will uns arbeitend vorfinden.

»Jesus ist die Antwort« stand auf einem Zelt, das unserer Gemeinde mal gehörte. Jesus Christus ist die Antwort auf alles, das glaube ich. Die Gewissheit, dass er mich liebt, macht mich zuversichtlich in allen Erschütterungen. Durch meine Entscheidung, ihn als Herrn meines Lebens anzunehmen, werde ich froher, angstfreier, mutiger, ruhiger, liebender. Er weiß schon vorher, was geschehen wird. Er hat alles in der Hand in meinem Leben und in der Welt. Er hat mir den Heiligen Geist zur Seite gestellt als Tröster und Helfer. Und Gottes Engel sind ja auch noch da … Ich bin also nicht allein, komme, was da wolle. Zu wissen, das ich die Ewigkeit mit Jesus erleben darf, gbit mir große Kraft.

Kostbare Ruhe suchen

Neu wird für mich in Zukunft die Entscheidung sein, Ablenkungen bewusst auszuschalten, mich zu konzentrieren und zu fokussieren. Ich will die Ruhe suchen. Das ist oft gar nicht so leicht. Sogar eine ältere Freundin von mir, die inzwischen schon in einem Altersheim lebt, beklagte sich, sie käme nicht zur Ruhe. Immerzu sei etwas: Handwerker, das pünktliche Mittagessen, der große Bekanntenkreis, der Friseurtermin, Waschtermin, Einkäufe, Brille reparieren etc. Sie wolle so gerne mal richtig zur Ruhe kommen. Das ist ein guter Wunsch und eine tiefe Sehnsucht. Von Zeit zu Zeit habe ich sie zu uns ins ruhige Lichtenhain eingeladen.

Wie oft habe ich in den vergangenen Jahren versucht, Dinge mit aller Macht durchzuboxen. Doch ich musste entdecken, dass eine Nacht drüber schlafen schon Wunder wirkt. Erst ruhen, dann handeln. Und oft haben sich am nächsten Tag nach der Ruhe der Nacht klare Lösungen gezeigt. Die Pandemie hat mich und sicher uns alle sehr viel über den Wert der Ruhe gelehrt. Im ersten »Corona-Sommer« kamen sogar viele Gäste nach Lichtenhain, um hier *noch mehr* Ruhe genießen zu dürfen. Ruhe ist etwas absolut Kostbares. Und in der Stille Gott zu suchen, das ist für mich sogar noch kostbarer. Wichtig finde ich es auch, einfach nur mal dazusitzen und ein Loch in die Wand zu starren – so etwas ist heutzutage ja kaum ohne schlechtes Gewissen möglich, so kommt es mir zumindest vor. Ich darf mir Ruhe und eine Auszeit gönnen, ohne gleich ein schlechtes Gewissen zu haben. Manchmal kommt mein Mann ins Zimmer und wundert sich zwar etwas, dass ich nur so dasitze, aber er hat sich dran gewöhnt und freut sich auf das, was ich gerade wieder ausbrüte. Ich genieße es, mal nur auf den Wind oder die Stille zu hören. Denn auch die Stille »spricht«. Während dieser »aktiven Ruhe« komme ich mir selbst nahe, und manchmal überkommt mich, während ich ruhe, eine intensive Liebe für andere Menschen, die dann in ein Gebet für sie mündet. So wird mein Ruheplatz – sei es der Sessel in meinem Studierzimmer oder die Bank unter der Kastanie – zu einem aktiven Platz.

Meine Eltern haben mittags immer ein Nickerchen gemacht. Das durfte auf keinen Fall gestört werden. Manchmal wünschte ich mir, das nach dem Mittagessen ebenfalls machen zu dürfen, erlaube es mir dann aber meist doch nicht, denn alles um einen herum wirkt ja immer so geschäftig. Freunde von uns, die unsere Rundbank um die große Kastanie hinter dem Haus bewundern, necken uns oft mit der Bemerkung: »Und? Wie oft habt ihr dieses Jahr schon hier gesessen?«

Ich muss es immer noch üben, zur Ruhe zu kommen und die kostbare Ruhe aktiv zu suchen. Mit Busgruppen, die uns aus der hektischen Großstadt Berlin besuchen, versuche ich manchmal ein kleines Experiment: Während der Führung lasse ich sie einen Augenblick einfach nur schweigen. Manche Gruppe schafft es gut und genießt den Augenblick, die andere hingegen kaum, weil irgendjemand es nicht aushält und dazwischenredet. Manche behalten diese »Stillemomente« als gute Erinnerung und vielleicht als Ansporn in ihrem Herzen. Hinterher bekomme ich zuweilen noch Briefe, in denen die Besucher schreiben, wie gut ihnen das getan hat. Daran merke ich, dass die Sehnsucht nach Ruhe in jeden von uns hineingelegt ist. Schließlich hat unser Schöpfer das Prinzip der Ruhe in der Schöpfung angelegt. Gott ruhte am siebten Tag, und auch wir, seine Geschöpfe, dürfen von unserer Arbeit ruhen. Die kostbare Ruhe hilft uns dabei, Herausforderungen und Krisen besser zu überstehen.

Kapitel 8

Time to say Goodbye – Abschiede

Abschiede einüben

Mit Abschieden bin ich irgendwie groß geworden, da meine Mutter den Abschied von ihrer Heimat in Mecklenburg durch die Flucht und Vertreibung nie ganz verwunden hat. Mein ganzes Leben war mit diesem Thema verbunden, bis ich vor einiger Zeit alles an Erinnerungen und Büchern weggeräumt habe. Ich hatte das Gefühl, dass die Biografien meiner Eltern zu sehr mein eigenes Leben bestimmt hatten. Es musste nun einfach nach vorne gehen und ich musste mich von dem biografisch geprägten Thema »Abschied« verabschieden.

Meiner Ansicht nach sollte jeder seine eigene, persönliche Berufung finden und seinen Weg mit Gott in die Zukunft gehen. Ich möchte nicht mit 90 innerlich noch das kleine Mädchen sein, das nie erwachsen geworden ist, sondern eine weise alte Frau, von der man sich gerne Rat holt.

Dazu gehört für mich, die Veränderung und den Wechsel zu lieben und flexibel zu bleiben. Das kann ich durch scheinbar kleine Dinge einüben, wie z. B. bei unseren Mittagessen mit den Mitarbeitern nicht immer an derselben Stelle zu sitzen, nicht immer denselben Parkplatz zu nutzen oder mal einen anderen Spazierweg zu gehen. Sich von lieb gewordenen Gewohnheiten zu verabschieden, das muss immer mal wieder sein. Einmal war ein Ehepaar mehrere Tage bei uns zu Besuch, die sehr erstaunt waren, als ich ihnen an einem Morgen plötzlich andere Sitzplätze zum Frühstück anbot als zuvor. Einfach so. Ich möchte mich von Zeit zu Zeit selbst hinterfragen: Was mache ich hier eigentlich gerade? Muss das immer auf dieselbe Art und Weise ablaufen?

Abschiede von vertrauten Mitarbeitern

Ob all die Menschen, die hier in Lichtenhain oft mit Hingabe eine Zeit ihres Lebens investiert haben und dann an andere Arbeitsstellen weitergezogen sind, sich manchmal an die Zeit bei uns erinnern? Ja, vieles war harte Arbeit und Stress mit all den Besuchern, Busgruppen, Aufträgen. Auch der Stress des Unbeständigen, dass im Sommer alles voll und im Frühjahr nichts los ist, kann sehr herausfordernd sein. Ich hoffe so sehr, dass sich unsere ehemaligen Mitarbeiter auch an das Schöne und Gute erinnern, z. B. unsere tollen Weihnachtsfeiern; die gemeinsamen Mittagessen; das immer schöner werdende Haus; die Kollegen; die Chöre, die uns zum Schluss ihres Besuches noch ein Ständchen gesungen haben; die Praktikanten; die Ausstellung der Modeschule und so vieles mehr. Aber am wichtigsten wäre mir, wenn sie in ihrer Zeit bei uns mitbekommen hätten, wie eine lebendige Beziehung zu Gott aussehen kann. Werden sie sich noch daran erinnern, wie wir zum Beispiel palettenweise Gläser mit Apfel-Caramel-Fruchtaufstrich verschickt haben und auf viele Pakete noch mal die Hände legten und beteten, dass es nicht der letzte schöne Auftrag sein würde. Oder daran, wie es war, als wir keine Arbeit mehr hatten und dann plötzlich dieser riesige Auftrag aus dem »Nichts« erschien? Und wie wir alle dann zustimmend sagten, dass das nur ein Wunder Gottes gewesen sein kann! Vielleicht haben sie Gott auch durch unsere gläubigen Gäste erleben können wie z. B. durch die Besuche der Diakonissen, die so große Liebe mitgebracht haben. Ich war leider sicher nicht immer das Vorbild, das ich hätte sein wollen – wenn ich z. B. im stressigen Arbeitsalltag zu angespannt war und zu wenig Zuversicht verbreitet habe. Doch ich habe so viele Gelegenheiten wie irgend möglich genutzt, um von der Hoffnung zu berichten, die ich durch Jesus Christus habe.

Die Suche nach neuen Mitarbeitern gestaltet sich inzwischen nicht mehr so einfach wie noch vor Jahren, wo viele Menschen Arbeit suchend vor der Tür standen und wöchentlich Bewerbungen in der Post waren – besonders von Frauen, die meines Erachtens die größten Leidtragenden der Wende waren. Doch auch in der Uckermark ist mittlerweile die Vollbeschäftigung angekommen. Wie sich alles mit den in Zukunft wohl häufiger auftretenden Pandemien entwickeln wird, werden wir noch sehen.

In einem Jahr bekam ich direkt nach der Weihnachtsfeier die Nachricht, dass gleich zwei Mitarbeiterinnen in eine lukrativere Arbeit in der Pflege wechseln wollten. Das war für unseren Betrieb nicht gerade eine frohe Weihnachtsbotschaft! Dazu kam noch, dass eine Mitarbeiterin in die Rente ging und unsere Mitarbeiterin, die die Ferienwohnungen betreute, außer Gefecht gesetzt war. Ich war verzweifelt und dachte schon, ich müsse den Betrieb schließen. Sollte das ein Zeichen sein? Für mich bedeutete jeder Abschied eines Mitarbeiters, dass ich andere neu einarbeiten und neu kennenlernen musste. Manchmal fühlte sich für mich die Kündigung eines vertrauten, guten Mitarbeiters an, als würde ein Kind das Haus verlassen und wegziehen. Man hatte ja im Lauf der Zeit eine Beziehung aufgebaut und man selbst blieb irgendwie zurück, während der andere in eine neue, spannendere Zukunft weiterzog.

Ich gab also ohne allzu viel Hoffnung eine winzige einzeilige Anzeige in unserem Anzeigenblatt auf. Es meldeten sich dann doch recht viele, aber irgendwie sollte es nicht sein. Doch drei Wochen später erhielt ich einen fröhlichen Anruf von einer potenziellen neuen Mitarbeiterin. Nach einer kurzen Besprechung war uns beiden mehr als klar: Das passt! Steffi wurde mir für zwei glückliche Jahre ins Haus Lichtenhain geschickt, ein Geschenk des Himmels. Wir verstanden uns auf Anhieb. Sie war einfach perfekt. Was wünscht sich ein Arbeitgeber? Montagmorgens mit einem fröhlichen Lächeln und hochgekrempelten Ärmeln begrüßt zu werden, bereit, alle Aufgaben gerne zu erledigen – sei es hier etwas zu richten oder da mitzudenken, was uns noch fehlt. Steffi kam meistens hochbeladen mit vielen Tüten und Kartons aus der großen weiten

Stadt Prenzlau angefahren. Dort hatte sie bereits alle nötigen Gänge erledigt und war noch bei verschiedenen Großmärkten gewesen, um alles zu bekommen, was wir brauchen. Sie hatte also immer schon ein ziemliches Pensum hinter sich, bis sie bei uns ankam. Mit einem Lächeln überreichte sie mir noch leckere Süßigkeiten und andere kleine Geschenke als Ermutigung für Menschen in unserem Umfeld, denen es nicht so gut geht. Einfach herrlich. Und immer war sie mit Zettel und Stift bewaffnet, um ja nichts zu vergessen. An einfach alles wurde gedacht! Wir konnten vieles von ihr lernen, da sie aus dem Hotelfach kam.

Unsere gemeinsame Zeit begann mit einer Frauenfrühstückstour in die Gegend um Bremen. Steffi war gleich mit Begeisterung und Professionalität dabei, als hätten wir schon immer zusammengearbeitet. Die gemeinsame Fahrt gab uns Gelegenheit, einander gut kennenzulernen und schon einmal mit der Einarbeitung zu beginnen. Steffi hat sich sofort mit unserer Firma identifiziert und schon einen Monat später konnte ich sie alleine auf eine Verkaufsausstellung schicken. Das Weihnachtsgeschäft meisterte sie bravourös. Bei unserer Weihnachtsfeier sang sie gemeinsam mit unserer Buchhalterin ein herzzerreißendes, wunderschönes Duett.

Viel Spaß hatten wir in dieser Zeit mit dem Besuch einer Gruppe von Außendienstmitarbeitern eines großen Pharmaunternehmens, die ein Firmenevent bei uns gebucht hatten, mit dem Motto: »Helfen Sie der Apfelgräfin beim Weihnachtsgeschäft!« Die gesamte Veranstaltung wurde begeistert von Steffi mitgestaltet und war ein Volltreffer. Nach einem kreativen Apfelfrühstück und einer Führung, die zugleich einen Verdauungsspaziergang darstellte, sollten die Anwesenden dann das Präsent »Kleiner Apfelgruß« packen. So sahen sie, wie viel Arbeit darin steckte – vom Bekleben der kleinen Gläser über das Eintüten bis hin zum Falten und schließlich Packen. Jeder hatte eine Aufgabe, und beim Arbeiten kamen sie gut miteinander ins Gespräch. Danach gab es dann ein Mittagessen bei uns in der Küche. Höchst zufrieden fuhren die Topverkäufer danach in ihren schicken Autos durch den Lichtenhainer Schneematsch wieder nach Hause. Zum Abschluss des ersten Jahres verabschiedete sich unsere Mitarbeiterin Steffi mit den Worten: »Und vielen Dank für den schönen Arbeitsplatz!« Ich war gerührt – so etwas hatte zuvor noch keiner gesagt.

Wir meisterten gemeinsame einige »Bustaufen« in einem riesigen Hotel an einem See bei Templin, das noch aus DDR-Zeiten stammt. Busunternehmen fahren es gerne an, da es dort so viel Platz gibt. Die zuständige Eventmanagerin hatte sich ein Produkt namens »Bustaufe« einfallen lassen, was extrem gut angenommen wurde. Etliche Male wurde ich Taufpatin und durfte eine lustige und zugleich etwas tiefsinnige Einweihungsrede halten, an deren Ende dann alle Sekt bekamen. Für den Busunternehmer gab es ein Präsent und die Busfahrer wurden extra beglückwünscht. Eine wirklich schöne Veranstaltung. Oft kam Steffi zu diesen Ereignissen mit, da nachher noch in einem kleineren Rahmen ein Verkauf unserer Produkte möglich war. Wir haben dadurch etliche Busunternehmen für unser Apfel-Café begeistern und Busgruppen zu uns einladen können.

Steffi war für das Packen der Präsente und Bestellungen aus dem Onlineshop zuständig. Äußerst liebevoll hat sie das gemacht und immer noch einen kleinen Gruß, ein Pröbchen und eine Karte beigelegt. Die Rückmeldungen der Kunden waren außerordentlich positiv. Wenn dann doch mal Reklamationen kamen, besänftigte sie die Kunden mit freundlicher Telefonstimme. Sie ging jeder Unstimmigkeit nach, bis sie gelöst war, und arbeitete sich auch in viele technische Details ein. Unvergesslichen Lesereisen und unzählige Busgruppen haben wir zusammen bewältigt, dazu unsere Feriengäste betreut. Im Apfel-Café führte sie das inzwischen legendäre Lichtenhainer Apfel-Tiramisu ein. Unsere Kunden liebten sie.

»Haus-Lichtenhain-Saniererin« habe ich oft scherzhaft zu ihr gesagt, denn jedes Regal hat sie beschriftet und dafür gesorgt, dass alles seinen Platz findet. Überall sah man ihre umsichtige, pflegende Hand. Sie war immer zufrieden, freute sich über kleine Aufmerksamkeiten und brachte uns etwas aus dem Urlaub mit. Sogar ihre Familie durften wir kennenlernen und auch den Chor, ihre Sportgruppe in Prenzlau, ihr Kaffeekränzchen und ihren Hund samt Hundefriseur. Als sie uns dann schließlich verließ, war es ein sehr trauriger Abschied. Ihre Träume von einer Selbständigkeit durfte ich weiter begleiten und hoffe, ihr durch die Einblicke in unseren Betrieb genug Anschub dafür gegeben zu haben. Als sie den Text über sich in diesem Buch noch einmal Korrektur las, sagte sie zu mir: Du kannst ruhig auch schreiben, dass die Zeit in Lichtenhain mich wieder näher zu Gott gebracht hat!

Nur ein drohender Abschied wird uns noch schwerer fallen: Unsere Buchhalterin Angelika Lehmann ist nun schon 25 Jahre bei uns und ich hoffe und bete, dass dieses Goldstück von Mensch uns noch lange erhalten bleibt ...

Auch ein Abschied: Das verschwundene Handy

Super-GAU: Freitagnachmittags sitze ich in der Küche und schreibe. Es klingelt an der Tür. Ich gehe – wohl mit dem Handy in der Hand – an die Tür und nehme ein sperriges Paket entgegen. Nach einiger Zeit bemerke ich: Mein Handy fehlt! Was nun? Wo könnte es sein? In der Zwischenzeit habe ich mehrere Gänge in die Backstube, in die Kochküche, in den Hofladen, ins Büro und ins Wohnzimmer gemacht. Ich informiere alle im Haus, dass ich es »gerade« verlegt habe und hoffe, es bald wiederzuhaben. So funktionierte es bis dahin meistens. Leider diesmal nicht. Ich fange an, alles aufzuräumen und umzudrehen, mehrfach, aber das Handy bleibt verschwunden. »Eine Nacht drüber schlafen«, denke ich, »dann wird es schon wieder auftauchen.« Von wegen! Am nächsten Tag müssen wir auf eine Familienfeier und ich fahre, immer mit den Gedanken an mein verlegtes Handy im Hinterkopf, mit Michael nach Berlin. Ich versuche, die Verzweiflung zu verdrängen, die langsam in mir aufsteigt. All meine Daten – welcher Missbrauch könnte damit geschehen! Am Samstagabend wieder zu Hause angekommen (das Handy ist immer noch nicht gefunden) meint Michael nur, nun reiche es, am Montag werde ein neues Handy gekauft. Da fällt mir ein, dass man es eventuell orten kann und ich mache mich an meinem Computer mit flatternden Fingern ans Werk. Und tatsächlich – es scheint zehn Dörfer weiter irgendwo im Wald zu liegen! Mit dieser Information gehe ich wieder zu meinem inzwischen leidgeprüften Ehemann und wir beratschlagen uns. Schließlich rufe ich die Polizei an. Der verständnisvolle Beamte meint nur, so was sei möglich, vielleicht fahre mein Mann ja mit mir in den Wald, um es dort zu suchen. Dann beendet er mitleidsvoll meinen Anruf. Ich weiß nicht … mitten in der Nacht im Nichts der Uckermärker Wälder auf Suche gehen?! Im Stillen hatte ich gehofft, dass der Polizist mit mir dahin fahren würde, mit Blaulicht und Tatütata. Aber nun war der Joker wieder bei Michael. Mit Bettelblick und tausend Versprechungen, was ich alles für ihn tun werde im Gegenzug, macht mein Ehemann sich etwas missmutig für die Expedition bereit, nimmt seine Taschenlampe und dann geht es los. Um nicht einen Ehekrach zu provozieren, verkneife ich mir mit Mühe, seine Aktion in einem Sommer vor vielen Jahren zu erwähnen, als er mit Schwung in den See gesprungen war, samt Handy. Sein Leid damals habe ich übrigens in all seinen Aspekten mitgelitten.

Schließlich stehen wir irgendwo in der Walachei, er wählt meine Nummer und ich hoffe auf ein Lichtlein in der Dunkelheit, das meine Qualen beendet. Nichts. Leider war das Handy leise gestellt. Ich muss Abschied nehmen. Wenigstens etwas tröste ich mich mit dem Gedanken, dass ich Ihnen allen nun wieder eine weitere Geschichte erzählen kann – von meinen Ängsten, meiner Wut, den Kosten, die der Verlust verursacht, und davon, ein paar Tage ohne Facebook, Instagram oder Telegram leben zu müssen.

Ich fragte mich später, ob Gott mich durch diese Erfahrung etwas lehren wollte. Michael meinte ja, meine Freunde meinten nein, so sei Gott nicht. Na, immerhin gibt es inzwischen ein brandneues Handy, das ich sehr gut hüte. Und ich habe viel gelernt. Sollte ich mich von der Gewohnheit, alle zehn Minuten auf meinem Handy nach einer Nachricht zu suchen, verabschieden? Sollte ich mich von der Gewohnheit, ständig erreichbar sein zu wollen, verabschieden? Viele Jahre hatte ich gar kein Handy, und nun geht es plötzlich nicht mehr ohne? Der Abschied von meinem geliebten Handy (und war es auch nur für kurze Zeit) hat mich ins Nachdenken darüber gebracht, wie ich in Zukunft meinen Umgang mit Nachrichtendiensten und sozialen Medien gestalten will.

Abschied vom geliebten Auto

Das Auto von Michael sollte man besser mit »Sie« anreden. Ob es nun der erste Golf war, mit dem wir in unserer Ehe starteten, oder dann diverse Passate bis hin zu seinem ersten geliebten Audi – jedes dieser Autos war heiß geliebt. Ich werde das nie verstehen. Es muss doch nur fahren können und sollte auf der Autobahn nicht stehen bleiben, so ein Auto. Und im Winter sollte die Heizung funktionieren, das wäre auch noch gut. Aber viele Männer sind da wohl anders. Der erste Audi meines Mannes wurde im Sturm von herunterfallenden Dachziegeln getroffen. Ein schwerer Schlag! Der Sturm kam total plötzlich, sonst hätten wir die Autos noch umgeparkt. Der Audi bekam ein »Makeover«. Doch dann, einige Zeit später, wurde ihm ein Alleebaum zum Verhängnis. Fahrer und Baum waren Gott sei Dank unversehrt, nur der Audi musste gegen eine Verschrottungsprämie eingetauscht werden. Nach über dreihunderttausend glücklichen Kilometern war es ein sehr harter Abschied. Der männliche Kummer war schwer zu stillen. Doch der Abschied barg auch einen Anfang, und das Wort von Hermann Hesse – »Jedem Anfang wohnt ein Zauber inne« – bewahrheitete sich. Plötzlich war er da: »Unser« jetziger Audi, der das bisherige Prunkstück in der Auto-Schatzkammer ist!

Ich nutze ja für alle Auslieferungen einen Transporter. Wenn ich den Audi möchte, wird das immer abgesprochen. Auf einer meiner Einkaufsfahrten mit diesem Gefährt, das ich immer extrem vorsichtig einparke, wollte ich Michael noch eine Freude machen und sein Auto durch die Waschstraße fahren. Es sollte an diesem Tag die letzte Tat auf meiner Prenzlau-Tour sein. Zufrieden tippte ich die Zahlen des Waschbelegs ein und während »Er« gewaschen wurde, holte ich mir als Belohnung einen schönen Cappuccino! Doch als ich dann wieder ins Auto steigen wollte, kamen mir plötzlich Schaum und Wasser entgegen und die Papiertüten voller Einkäufe waren aufgeweicht. Denn trotz Vollklimatisierung gehöre ich zu den Menschen, die im Hochsommer mit geöffneten Fenstern durch die Gegend fahren. Und dummerweise hatte ich vergessen, die Fenster richtig zu schließen, bevor ich in die Waschstraße gefahren war. Ich weiß nicht, was mir in diesem Moment schwerer zu schaffen machte: die aufgeweichten Papiertüten oder die zu erwartenden Bemerkungen meines Liebsten! Gott sei Dank herrschte heißes Sommerwetter und der Schaden konnte in nicht allzu langer Zeit einigermaßen behoben werden ...

Abschiede von lieben Menschen

Manchmal gibt es Situationen im Leben, in denen man geliebte Menschen loslassen muss, weil eine Beziehung nicht mehr zu retten ist. Das war zu biblischen Zeiten schon genauso wie heute. Im Buch der Sprüche heißt es: »Ein gekränkter Bruder ist abweisender als eine feste Stadt.« (Spr 18,19) Vielleicht ganz unbeabsichtigt sind beim anderen Verletzungen entstanden und man kann tun, was man will, um die Beziehung wieder zu kitten – doch die andere Seite hat einfach dichtgemacht und bleibt dabei. So habe ich jahrelang um einen mir sehr lieben Menschen gerungen. Doch irgendwann musste ich ihn loslassen, den Abschied zulassen und Gott um inneren Frieden bitten. Es gibt solche schmerzhaften Abschiede, die einfach nicht zu ändern sind. Manchmal muss man sich auch selbst von Menschen trennen, um sich zu schützen, auch wenn der andere es nicht versteht und sich weiter um den Kontakt bemüht. Aber natürlich möchte ich grundsätzlich mit allen Menschen gut auskommen und mit ihnen in Frieden leben. Dazu ermutigt mich der christliche Glaube: » Ist's möglich, soviel an euch liegt, so habt mit allen Menschen Frieden.« (Röm 12,18) Das Leben und unsere Zeit in dieser Welt sind zu kurz, als dass wir sie mit Uneinigkeit und Streit verbringen sollten: »Lehre uns bedenken, dass wir sterben müssen, auf dass wir klug werden.« (Ps 90,12)

Ich erinnere mich noch, wie ich einen mir lieben Menschen auf dem Weg ins Krankenhaus begleiten musste, wohl wissend, dass es kein Zurück geben würde. Sinnend stand er noch einmal auf der Terrasse und nahm den Anblick von dort aus ganz bewusst in sich auf. Eines Tages muss jeder von uns Abschied nehmen. Für mich wird es der schönste Tag meines Lebens werden. Denn ich weiß, dass ich dann bei Gott und Jesus bin und alles endlich gut sein wird. Was muss der Himmel schön sein – da gibt es keinen Neid, keinen Streit, keine Angst, keine Sorgen, kein Leid, keine Schmerzen mehr! Dort ist einfach alles gut. Manchmal kann ich es kaum erwarten – was nicht heißen soll, dass das Leben nicht auch sehr schön sein kann. Aber in erster Linie betrachte ich mein Leben als

Auftrag. Ich möchte es aus der Beziehung mit Gott heraus gestalten und ein Segen sein.

Ein liebes Senioren-Ehepaar kam jedes Jahr aus dem Siegerland zu uns zu Besuch. Sie liebten das Apfel-Café und saugten alles in sich auf. Im Gespräch mit ihnen erfuhr ich, dass es sich um gebürtige Uckermärker handelte, die durch den Krieg in den Westen gekommen waren. Aber sie trugen die Uckermark weiterhin in ihrem Herzen. Eines Tages erklärten sie, dass dies nun ihr letzter Besuch sei, denn die Fahrt werde ihnen nun zu lang und zu anstrengend und sie müssten Abschied nehmen. Aber es sei eben nur ein Abschied hier auf dieser Welt. Doch auch wenn sie sich ihrer himmlischen Heimat sicher waren – dieser Abschied von ihrer Herzensheimat Uckermark war schmerzhaft. Nachdem sie den ganzen Nachmittag geblieben waren und ich wusste, dass ich sie nun nicht mehr (zumindest auf dieser Welt) wiedersehen würde, ging ich erst mal in unsere Küche, um in Ruhe zu weinen.

Es ist gut, wenn Abschiede einen würdigen Rahmen erhalten und von Ritualen begleitet werden – z. B. bei Firmenabschiedsfeiern, durch Ansprachen, durch gute und passende Worte. Oft habe ich Beerdigungsgottesdienste durch Orgelspiel begleitet und gemerkt, wie tröstend die Lieder für die Angehörigen sein können und wie sie ihnen helfen, Abschied zu nehmen.

In einem unserer immer schöner werdenden Dörfer, durch das ich oft fahre, gab es einen hinreißenden Vorgarten. Der Weg zur Haustür war rechts und links gesäumt von einem wogenden, immer gepflegten Blumenmeer. Zu gerne hätte ich die Bewohnerin einmal kennengelernt. Wer so einen schönen Blumengarten hat, muss eine schöne Seele haben, dachte ich. Meist saß die alte Frau auf einem kleinen Hocker am Weg und zupfte an den Blumen. Es sah aus wie ein Gemälde! Irgendwann sah ich dann ihre Todesanzeige in der Zeitung. Ich habe nie mit ihr gesprochen und trotzdem in Gedanken viel mit ihr geredet. Ich bin dankbar für diesen schönen Platz in diesem schönen Dorf, dankbar für die Freude, die sie mir durch den Anblick des Blumenmeers bereitet hat. Nun denke ich jedes Mal etwas wehmütig an sie, wenn ich an dem Haus vorbeifahre, und vermisse sie und ihre schönen Blumen. Alles hat seine Zeit, nichts ist ewig. Nur die Ewigkeit.

Kapitel 9

Neues wagen – in jeder Lebensphase

Offen bleiben für Veränderung

Studentenbesuch aus einer großen Stadt. Ich habe mich um eine Beratung beworben. Vorab wird der Betrieb auf Zahlen, Alter, Mitarbeiter, Produktionsabläufe, Vertriebswege etc. analysiert. In Prenzlau purzeln drei fröhliche junge Menschen aus dem Zug. Aus der Großstadt hinein ins Lichtenhainer Abenteuer. Ich habe sie eingeladen, damit die Beratung nicht nur am Computer per E-Mails oder Videokonferenz stattfindet, sondern damit sie sozusagen den »lebendigen Patienten« auf dem Operationstisch haben und behandeln können. Sie machen für eine gewisse Zeit alles mit, was im laufenden Arbeitsalltag so passiert: Mitarbeiterbesprechung, Einteilung, Café, Arbeitsvorbereitung etc. Sie finden es sehr spannend, alles, was sie berechnet und vorgeschlagen haben, in natura zu erleben. Bei allem, was sie vor Ort sehen, haben sie immer das

Vermarktungsthema und ihr studentisches Wissen im Hinterkopf. Nach Feierabend geht es dann ins italienische oder griechische Restaurant. Mein Mann Michael begleitet sie oft und alle sind begeistert über seinen flotten Fahrstil, die tiefen Gespräche und sein ehrliches Inte-resse an ihnen. Besonders erstaunt sind sie über seinen coolen Musikstil! Den Lautsprecher auf vollste Lautstärke gedreht, so fahren wir eines Abends durch die Uckermärker Dörfer. Michaels Lieblingssängerin ist die christliche Sängerin Martha Munizzi. Nach Pizza, Wein und den zu Herzen gehenden Gesprächen singen wir auf dem Heimweg aus voller Kehle: »Jesus, you are the best thing that ever happend to me« (Jesus, du bist das Beste, was mir je passiert ist). Sofort speichern sich alle die Titel in ihren Handys ein und werden den Abend wohl nie vergessen. Michael fährt dann für sie auf unserem Vorplatz noch rasant eine Extrarunde mit aufgedrehten Bässen. Die Fahrspur ist noch eine ganze Weile als Erinnerung an diesen Abend zu sehen. Als sie am nächsten Morgen von unseren Mitarbeitern bemerkt wird, sprechen diese empört davon, dass da in der Nacht wohl jemand über den Vorplatz geheizt sei – dabei sei das doch strengstens verboten, ein ungeschriebenes Gesetz quasi. Doch Michael zuckt nur mit den Achseln. Mit den drei Studenten sind wir nach wie vor verbunden und sie wollen für weitere Besuche wiederkommen. Wir hatten uns viel zu erzählen und konnten voneinander lernen – herrlich! Als eines der Resultate der Beratung durch die jungen Leute arbeite ich nun viel mehr mit den neuen Medien und poste öfter mal ein aussagekräftiges Foto, denn ich will unbedingt am Puls der Zeit bleiben. Ein Vorbild ist mir da meine Schwiegermutter, die mit weit über achtzig Jahren häufig mit mir per E-Mail kommuniziert. Auch ich will offen bleiben für Neues – wer weiß, was ich sonst in den nächsten 20 Jahren alles Spannendes verpassen würde?

An der inneren Einstellung arbeiten

Im Jahr 2020 sind Michael und ich sechzig Jahre alt geworden und zudem seit 25 Jahren in der Uckermark. Zeit für eine Rückschau auf die vergangenen zwanzig »Apfeljahre«, aber auch für einen Vorausblick auf das, was vielleicht noch kommen kann. Mein Vater gab seinem Leben mit 58 Jahren noch einmal eine komplette Wende: Er wechselte vom erfolgreichen Unternehmer in den Pfarrdienst. Auch ich will noch nicht, obgleich ich älter werde, an die Rente denken.

In der Bibel wird das Älterwerden und das Alter als ein Segen betrachtet. Gott ist es, der mich in jeder Lebensphase, auch in dieser, trägt und hält: »Auch bis in euer Alter bin ich derselbe, und ich will euch tragen, bis ihr grau werdet.« (Jes 46,4)

Ich nehme mir vor, Wichtiges von Unwichtigem zu trennen und mir Zeit zu nehmen für die wirklich wichtigen Dinge im Leben. Aber welche wären das? Meiner Ansicht nach sind es Liebe, Vergeben und Zuhören. Fragen, was ich für den anderen tun kann. Geben wollen. Loslassen können. Und an der inneren Einstellung arbeiten: Der eine fängt schon mit vierzig zu lamentieren an, was sich mit zunehmendem Alter noch steigert. Die andere schaut eher auf das Positive und bleibt auch im Alter ein dankbarer Mensch. Ich glaube, man kann durch Gedankenhygiene das Schiff des Lebens selbst ein Stück weit in eine gute Richtung lenken. Wie ich auf äußere

Umstände reagiere, zeigt, wie es um meine innere Einstellung steht. Haut mich der kleine Ärger schon um oder kann ich ihn in die Schranken weisen?

Vor Kurzem unterhielt ich mich mit einer wunderschönen jungen Frau und machte ihr ein Kompliment wegen ihrer Haare. Es stellte sich heraus, dass sie diese schon färbte. Lachend meinte sie, man dürfe sich so annehmen, wie Gott einen geschaffen habe und müsse nicht allen Schönheitsidealen entsprechen – aber man könne schließlich aus allem das Beste machen. Diese Einstellung hat mir gefallen!

Ich möchte einüben, mehr in der Gegenwart zu leben, dankbar und gelöst: Zum Beispiel den Spaziergang und das Zusammensein mit dem geliebten Menschen zu genießen, anstatt zu knurren und zu murren, dass man schon wieder für ein Foto in der Landschaft stehen bleiben oder über Stock und Stein einen lehmigen Acker überquerend den langen Schritten folgen muss. Ich möchte aufmerksamer werden für all das Schöne um mich herum: die gute Uckermärker Luft, den Schrei der Kraniche, die Apfelblüte …

Vor einiger Zeit war ich in einer kleinen Stadt in einem Altersheim eingeladen. Am Rand des Städtchens, an einem holprigen Sandweg gelegen, stand es da: Eine ungepflegte Außenanlage und ein Betonbau mit grellblauen Tür- und Fensterrahmen begrüßten mich. Als ich die Eingangshalle betrat, bemerkte ich den Essensgeruch, der das gesamte schlecht gelüftete Gebäude zu durchwabern schien. Mein Vortrag fand in einem großen Raum unter dem Dach mit schrägen Wänden statt, der sich schon eine Stunde vor Beginn der Veranstaltung langsam füllte. Die älteren Damen und Herren wirkten teilnahmslos und sahen einfach nur zu, wie ich den kleinen Tisch aufbaute. Die Leiterin stellte mich vor und ging. Ich war nur ein Programmpunkt. Mir schien es, als ob fünfunddreißig in Vergessenheit geratene Lebensgeschichten vor mir säßen, ohne Erwartung. Wie konnte ich sie erreichen, fragte ich mich. Und wofür? Ich entschied mich, mit einem einfachen Lied zu beginnen und humorvolle Geschichten von früher zu erzählen. Langsam taute die Gruppe auf. Die lustigen Begebenheiten kamen an. Am Schluss bot ich noch Gebet an, was tatsächlich von einigen der Senioren angenommen wurde. Ich war so froh, dass sich mein Besuch für die Bewohner des Altenheims gelohnt und ihnen einen schönen Nachmittag beschert hatte. Diese Erfahrung hat mich nachdenklich gemacht und ich habe mir vorgenommen: Ich möchte gerne bis ins hohe Alter hinein interessiert und »am Ball« bleiben und auch noch offen sein für das Reden mit Gott – möge die Kraft dazu bleiben.

Optimistisch und aktiv bleiben

Leben Optimisten länger? Ich sehe in Gedanken ein Foto vor mir, auf dem der Freund meines Vaters, Paul Graf Yorck, auf dem Krankenbett noch im hohen Alter anlässlich seines Geburtstages ein Sektglas in die Höhe hält!

Ich bin der Überzeugung, dass sich Genussfähigkeit, Lebensmut, Umgang mit Kindern, gute Beziehungen, waches Interesse an Neuem (auch an neuester Technik) und anregende Hobbys positiv auf unsere Lebensqualität und Lebensspanne auswirken. Ich denke da z. B. an eine über 90-jährige Ärztin aus Schwaben, die immer noch praktiziert und die neuesten Fachzeitschriften liest. Ihre Diagnosen sind glasklar und zutreffend. Und ich erinnere mich an das Rentnerehepaar, das mit Begeisterung bei einem Tanzwettbewerb den Boogie-Woogie tanzte und deren Video anschließend viele Millionen Menschen begeisterte. Auch kommt mir der Vater eines unserer Freunde in den Sinn, der noch im hohen Alter regelmäßig Briefe an seine Familie und an seine Nachbarn geschrieben hat, in denen er von seinem Glauben berichtete.

Ein großes Vorbild sind mir meine Schwiegereltern, die mit Mitte achtzig und Mitte neunzig noch fleißig Pläne schmiedeten. Der Schwiegervater lebt nun nicht mehr, aber es trifft nach wie vor auf meine Schwiegermutter zu. Es gibt immer etwas zu feiern oder zu kommunizieren, sei es über E-Mail oder per Telefon oder inzwischen sogar per Skype. Immer auf dem Laufenden sein, bloß nicht beim Schnurtelefon stehen bleiben, auch in Pandemiezeiten täglich bestens angezogen und geschmückt sein vom Scheitel bis zur Sohle, auch wenn sie niemand sieht und das Essen an die Zimmertür im Wohnstift gebracht wird – das bewundere ich an meiner Schwiegermutter. Vor einiger Zeit hat sie in unserem Apfel-Café das Märchen »Die Regentrude« von Theodor Storm auswendig vorgetragen in einer schönen blauen Walkjacke mit einem langen hellgrünen Wollrock und passendem Lippenstift. Alle waren total begeistert. Und erneut wird mir klar: In jeder Lebensphase kann man, den eigenen Möglichkeiten entsprechend, aktiv, optimistisch und interessiert bleiben.

Kapitel 10

Unsere Träume, unser Erbe

Träume im Herz

Ich bin der festen Überzeugung, dass Gott uns Träume ins Herz legt: Dinge, die noch werden können, die wir ins Leben bringen können. Deshalb liebe ich es auch, mich mit Menschen zu unterhalten, die mir ihre Träume erzählen und was sie noch vorhaben: der Pastor, der von einem christlichen Fernsehsender träumt und der mir ein Bild von dem neuen Altarraum malt; der Freund, der auf die riesigen Ruinen eines großen Hauses schaut und es vor seinem geistige Auge schon fertig sieht; der alte Mann, der immer noch einen Weinberg dazukauft und sich in guten Weingeschichten verlieren kann; der Freund, der von einem riesigen Musical träumt; die Freundin, die mir ihre Geschäftsidee vorstellt; der werdende Großvater, der mir erzählt, was er alles mit seinen Enkeln vorhat. Ich liebe es auch, mit hungrigen und sehnsüchtigen Menschen zusammen zu sein, die mehr von Gott wissen und mehr Erfahrungen mit ihm machen möchten. So lernte ich z. B. vor einiger Zeit eine Gruppe Christen aus Leipzig kennen, die nach Südkorea an die Grenze zu Nordkorea reisen wollten, um dort für Frieden und eine Öffnung zu beten. Ich liebe Menschen, die davon träumen, diese Welt besser zu machen.

Auch Michael und ich haben noch Träume. Wir wollen dieses Leben bis zur letzten Minute ausleben und etwas zurücklassen, das bleibt. Als Christen möchten wir vor allem auch ein »geistliches Erbe« hinterlassen, die Region, in der wir leben, segnen und unseren Auftrag auf dieser Erde erfüllen. Eine ältere Freundin ermutigt mich immer, mich zu entspannen, und meint seelsorgerlich: »Du bist von Gott geliebt, auch wenn du einfach nur daliegst!« Ja, natürlich, das weiß ich. Aber ich verspüre auch diesen Drang in mir zu arbeiten und zu gestalten, und denke, dass er von Gott kommt. Als Gegensatz zum Ausspruch meiner Freundin hörte ich dann vor einiger Zeit von einem Uckermärker Bürgermeister den Satz: »Vielleicht müssen Sie auch über die Rente hinaus arbeiten!« Ich lächelte ihn gewinnend an und antwortete: »Ich werde immer arbeiten, solange mir die Kraft dazu gegeben ist!«

Mir ist bewusst, dass ich nicht alles schaffe, was ich mir vorgenommen habe. Auch wenn ich einmal den Traum einer großen Firma hatte, musste ich mich davon verabschieden. So geht es vielen Menschen, die gerne Größeres geschafft hätten in ihrem Leben, aber man darf auch zufrieden sein mit dem, *was* man geschafft hat. Wichtig ist es, auf dem Weg zu bleiben und Ziele zu haben. Und letztlich ist mir eine innige Beziehung zu Gott und eine Berührung von Jesus kostbarer als alles andere auf dieser Welt.

Noch habe ich etwas Arbeit vor mir. Denn der Rahmen, den Gott mir gegeben hat, hier in der Mitte der Uckermark, ist noch nicht ganz ausgefüllt. Wie aber können wir den Spannungsbogen weiter aufrechterhalten? Eine Möglichkeit ist es, dass ich versuche, unseren Betrieb immer weiter zu verbessern und zu verschönern – mit den Ressourcen, die mir gegeben sind. Das habe ich mir in unserer Gemeinde abgeschaut. Angefangen haben unsere Pastoren vor über fünfundzwanzig Jahren in einem Autohaus gegenüber dem Bahnhof. Stück für Stück, Raum für Raum wurde alles genutzt und verbessert. Der Kaffeeraum wurde neu gestrichen und die Kinderräume wurden nach und nach verbessert, so zum Beispiel mit Lautsprechern ausgestattet, damit die Eltern den Gottesdienst mithören können. Die Bühne ist erneuert und an der Technik wird gefeilt. So ähnlich geht es auch uns in Lichtenhain. Ich denke immer: Dadurch, dass wir uns auf Verbesserungen und Wachstum ausrichten, wird Wachstum ermöglicht. Ich wünsche mir, dass das Äußere – Haus Lichtenhain, unser Café, der Hofladen, unsere Ferienwohnungen –, aber natürlich auch unser Inneres so attraktiv wie möglich für die Menschen werden, denen wir begegnen. Die Liebe, die uns geschenkt ist, und die Schönheit, die wir gestalten dürfen, legen Zeugnis von Gottes Wesen ab. Mein Wunsch und mein Ziel ist es, dass wir andere mit der Hoffnung auf die Ewigkeit, die in unseren Herzen brennt, berühren dürfen.

In Menschen investieren

Ich möchte das, was ich weiß, umsetzen und weitergeben, um ein Segen für andere Menschen um mich herum zu sein. Ich möchte, dass sie sagen können: »Das Gespräch mit dir hat mich weitergebracht« oder: »Es ist schön, mit dir zusammen zu sein.« Aber dafür braucht es Kraft. Ich habe eine mir sehr liebe Patentochter, mit der ich manchmal lange Unterhaltungen führe und versuche, ihr mein unternehmerisches Wissen weiterzureichen und sie zu motivieren. Sie hat in einer mittelständischen Firma ihre Ausbildung gemacht, war schon oft im Ausland, hat Messen aufgebaut und den Vertrieb dort in Gang gebracht. Irgendwann wird sie sicherlich selbständig oder leitet ihre eigene Firma. Eine ihrer großen Stärken ist das Kommunikative. Schon wenn sie in den Raum tritt, ist ihr gewinnendes Lächeln ihr Sieg. Ich bereite mich auf die Gespräche mit ihr vor, höre zu, frage nach und frage auch, mit welchen Freunden sie sich umgibt – ob sie z. B. auch Freunde hat, von denen sie noch etwas lernen kann und durch die sie inspiriert wird.

Um anderen mit Zeit, Liebe, Rat, Weisheit, Gebet, aber manchmal auch einer kleine Ermahnung zur Verfügung stehen zu können, muss ich selbst »gefüllt« sein, ja überfließen. Jesus konnte anderen Menschen so unglaublich viel schenken, weil er auf eine ganz innige, tiefe Weise mit seinem himmlischen Vater verbunden war. Weil Jesus nun aber nicht mehr auf der Erde ist, stehen wir als seine Botschafter zwischen Gott und seinen Menschenkindern. Unsere Aufgabe ist es, sie mit ihrem himmlischen Vater in Berührung zu bringen und ihnen die gute Botschaft des Evangeliums weiterzugeben.

Liebe weitergeben

Es gibt Menschen, die haben einen Blick der Liebe. Haben Sie das schon mal erlebt? Es ist das Attraktivste, was ich kenne – dieser Blick. Das sind Menschen, die sich geliebt wissen und die sich täglich in der Liebe stärken. Menschen, die den anderen mit den Augen der Liebe ansehen und Wertvolles erblicken und nicht hinter dem Lächeln voller Kritik und böser Worte sind. Menschen, die Liebenswertes sehen, wo vielleicht auf den ersten Blick nichts Liebenswertes mehr zu sein scheint. Vor vielen, vielen Jahren – ich war noch Schülerin – hat mir ein Mensch mit dem Blick der Liebe in der Fußgängerzone von Wilhelmshaven eine christliche Broschüre in die Hand gedrückt. In der las ich: »Du bist von Gott geliebt.« Ich war damals fassungslos über die paar Zeilen unter den kleinen Comicbildchen. »Du, Daisy, bist geliebt!« Geliebt, geliebt, geliebt. An diesem Tag hat mich die Liebe Gottes gefunden durch einen Menschen, der mir Gottes Liebe weitergeben wollte.

Was soll mein »Erbe« sein, was will ich hinterlassen? Das frage ich mich manchmal. Und dann steigt die Antwort in mir auf: Hinterlassen möchte ich definitiv Liebe! Aber wie um Himmels willen ist die Liebe bloß entstanden? Wo kommt sie her? Was macht sie aus?

Die Liebe wurde von Gott geschaffen, ja, er selbst ist die Liebe:

> »Und wir haben erkannt und geglaubt die Liebe, die Gott zu uns hat: Gott ist Liebe; und wer in der Liebe bleibt, der bleibt in Gott und Gott in ihm.« (1. Johannes 4,16)

Aus Liebe ist Gott in Jesus zu den Menschen herabgekommen, das ist etwas ganz Einmaliges:

> »Er, der in göttlicher Gestalt war, hielt es nicht für einen Raub, Gott gleich zu sein, sondern entäußerte sich selbst und nahm Knechtsgestalt an, ward den Menschen gleich und der Erscheinung nach als Mensch erkannt. Er erniedrigte sich selbst und ward gehorsam bis zum Tode, ja zum Tode am Kreuz.« (Phil 2,6-8)

Jesus heilte, vergab und half jedem, der zu ihm kam. Er wurde versucht wie wir, blieb aber ohne Schuld und Sünde. Nur aus Liebe zu uns, ohne irgendeine Bedingung, ging er freiwillig ans Kreuz. Dort hat er die Strafe auf sich genommen, die uns gegolten hätte. Er hat für uns, die wir ihn annehmen und ihm glauben, den Tod besiegt und die Ewigkeit erkämpft. Gott lädt uns ein, dieses Geschenk anzunehmen. In Apg 16,31 heißt es: »Glaube an Jesus, den Herrn, und du wirst gerettet werden, du und dein Haus.« Jesus war nie egoistisch, er war vollkommen selbstlos in seiner Liebe zu den Menschen. Er hat versprochen: »Wer zu mir kommt, den werde ich nicht abweisen.« (Joh 6,37)

So eine Liebe möchte ich auch haben und die Liebe Gottes weitergeben. Mein größter Traum und mein schönstes Erbe wär es, eines Tages in der Ewigkeit bei Jesus Menschen zu treffen, die ich in seine Gegenwart »hineinlieben« durfte.

Weitere Bücher von der Apfelgräfin

Daisy von Arnim,
Kathrin Schultheis
Die Apfelgräfin
ISBN 978-3-86827-151-5
144 Seiten, gebunden

»Die Wende war auch eine Wende in meinem Leben. ›Jetzt ist alles möglich‹, schoss es mir durch den Kopf, als ich kurz nach dem Mauerfall erstmals ungehindert die innerdeutsche Grenze passierte. Dass dieses ›alles‹ aber beinhalten könnte, dass aus mir einmal ›Die Apfelgräfin der Uckermark‹ würde, hätte ich mir niemals träumen lassen.«

Humorvoll, offenherzig und liebevoll erzählt Daisy Gräfin von Arnim von ihrem Neuanfang in der Uckermark. 1995 zog sie mit ihrem Mann Michael nach Lichtenhain und baute sich dort ein neues Leben auf. Mittlerweile führt sie ein kleines Apfelunternehmen und beschäftigt mehrere Mitarbeiter.
In amüsanten, aber auch nachdenklichen Anekdoten gewährt sie Einblicke in ihren Alltag und lässt lebendig werden, wie aus ihr »Die Apfelgräfin« wurde.

Daisy Gräfin von Arnim
Wunder in meinem Leben
ISBN 978-3-86827-525-4
142 Seiten, gebunden

Daisy von Arnim ist überzeugt: Gott ist im Alltag erlebbar! Schon oft durfte sie in ihrem Leben die Erfahrung machen, dass Gott da war.

In diesem Buch erzählt sie von den großen und kleinen Wundern in ihrem Leben. Von Momenten der Bewahrung, der Fürsorge, der liebevollen Zuwendung. Von Alltagswundern, durch die Gott seit ihrer Kindheit immer wieder aufs Neue sein »Ich bin da« in ihr Leben hineingesprochen hat. Damit möchte die Apfelgräfin ihre Leser ermutigen, die Augen zu öffnen für die Segensspuren, die Gott in ihrem eigenen Leben hinterlassen hat.

Das Apfelkochbuch

Daisy Gräfin von Arnim
Himmlische Köstlichkeiten
Zu Gast bei der Apfelgräfin
ISBN 978-3-86827-196-6
144 Seiten, gebunden

Daisy Gräfin von Arnim lädt Sie herzlich ein, sie auf einen Spaziergang durch das bunte Land des Apfels zu begleiten. Dieser ist ein wahres Fest für Leib und Seele, Geist und Sinne.

Kulinarische, geistliche, kulturgeschichtliche und historische Aspekte der Lieblingsfrucht der Deutschen wechseln sich ab mit praktischen Ratschlägen zu Tischkultur, Dekoration und zwischenmenschlichen Verhaltensregeln.

Abgerundet wird der literarische Leckerbissen durch köstliche Rezepte aus der Delikatessenküche von Haus Lichtenhain und andere himmlische Köstlichkeiten.

Apfel-Delikatessen

HAUS LICHTENHAIN
Daisy Gräfin von Arnim

E-mail: info@haus-lichtenhain.de
www.haus-lichtenhain.de